飛行操縦特論

遠藤　信二著

鳳文書林出版販売㈱

まえがき

　先に上梓した「航空力学と飛行操縦論」では、空気力学と飛行機の実際の操縦との関連について「飛行機の操縦」と題する章を設けて述べた。そこで取り扱ったのは、主に小型レシプロ機を対象とした内容であり、パイロットを目指す諸君に向けた基礎的なものであった。実際の航空機の運航では、本書の事例に挙げるように、様々な飛行環境において多種多様な事故や重大事象が起きている。これらの事故や重大事象が多く要因が複雑に絡んで引き起こされることは、ヒューマンファクターの研究などで広く知られていることであるが、この本では、事故や重大事象が発生する可能性のある悪環境条件下において飛行するときの操縦について、気象や装備に関するいくつかの環境条件を取り上げ、空気力学の面から考えてみることにした。つまり、本書は、「航空力学と飛行操縦論」の「飛行機の操縦」部分の続編となるものであり、そのため、飛行の原理、性能、飛行機の推進装置と装備品、飛行機操縦法などについては、ある程度の基礎知識があり理解しているものとして扱っている。そこで、本書がきっかけとなってその内容についてより深く知りたいと思われた読者が、巻末の参考文献に挙げた資料などを参考にして調べていただければ望外の喜びである。

　この本に書かれている内容は極めて一般的なものであり、また著者の個人的見解も含まれているので、具体的な内容については、国の法規、機体製造会社からの規程などの公式文書、運航会社の各機種用の規程や通知を優先していただきたい。

　鳳文書林出版、特に青木孝氏からは、編集や図の作成などについて多くの貴重な助言、助力を頂いた。ここに深く謝意を表するものである。

　最後に、本書は、参考文献には挙げていないが、ICAO や Airline Pilot Association：ALPA などからの情報、著者が航空会社に運航乗務員として勤務していたときに得られた情報・資料や現場での経験も参考にして書かれていることを付言し、感謝する次第である。

2017 年 8 月

遠藤信二

目　次（INDEX）

まえがき
序　論………*2*
速度の記号………*4*

第1章　滑りやすい路面

1・1　摩擦力と操向力………*5*
1・2　雪氷などに覆われた路面状態の
　　　　　　　　　測定………*6*
1・3　ハイドロプレーニング………*8*
1・4　滑りやすい路面における走行………*10*
1・5　滑走路面状態による性能への影響
　　　　　　　　　………*14*
1.6　事例………*23*

第2章　バックサイド

2・1　必要推力、必要パワー、利用推力、
　　　　　　　　利用パワー………*25*
2・2　飛行可能速度域における飛行
　　　　　　　　　特性………*27*
2・3　バックサイドでの飛行………*29*

第3章　着氷

3・1　着氷の気象条件と過程………*35*
3・2　着氷の種類………*36*
3・3　機体の飛行特性に対する影響と
　　　　　　　　　対処………*37*
3・4　防除氷………*41*
3・5　豪雨、雹の中の飛行………*44*
3・6　事例………*45*

第4章　乱気流

4・1　飛行荷重………*49*
4・2　運動包囲線図………*49*
4・3　突風包囲線図………*51*
4・4　V-n 線図………*53*
4・5　乱気流中の飛行速度………*54*
4・6　飛行機の突風応答特性と飛行計器
　　　　　　　　　の指示………*56*
4・7　乱気流に遭遇したときの対応と
　　　　　　　　　操縦………*57*
4・8　事例………*59*

第5章　低層ウィンドシア

5・1　ウィンドシア………*61*
5・2　ウィンドシアの発生原因………*61*
5・3　ウィンドシアによる飛行機への
　　　　　　　　影響と性能………*64*
5・4　飛行中のウィンドシアの認知………*68*
5・5　ウィンドシアへの備え………*69*
5・6　遭遇したときの回復操作………*70*
5・7　事例………*71*

第6章　後方乱気流

6・1　翼端渦………*75*
6・2　後方乱気流の強さ………*76*
6・3　後方乱気流の持続性………*76*
6・4　後方乱気流の動き………*77*
6・5　後方乱気流に遭遇した機体の
　　　　　　　　　挙動………*78*
6・6　後方乱気流の回避………*79*
6・7　後方乱気流に遭遇したときの
　　　　　　　　回復操作………*80*
6・8　事例………*82*

第7章　飛行計器の不具合

7・1　ピトー静圧系統関係計器………*85*
7・2　誤指示の原因と現象………*87*
7・3　飛行計器系統の異常の認知………*88*
7・4　対応操作………*89*
7・5　事例………*91*

第8章　アップセット

8・1　アップセットの原因………*93*
8・2　アップセットにおける機体コント
　　　　　　　　ロールの問題点………*94*
8・3　状況認識………*95*
8・4　アップセットからの回復方法
　　　　Upset recovery techniques………*95*
8・5　事例………*99*

索引………*103*
引用・参考文献………*106*
奥　付

序　論

ここでは、本書で使用する単位系や言葉の定義について述べる。

単位系

　現在の国際的な単位系の標準は SI 単位系（国際単位系）Système International d'Unités であるが、航空界では、重力単位系が長い間用いられてきており、現在に至っている。重力単位系は、重力を力の大きさの測度として取り扱う単位系であり、その単位は重力キログラム[kgf]、重力ポンド[lbf]（[　]内は単位記号）であるが、単に[kg]、[lb]と表されることが多く、本書でも同様とする。SI 単位系では、力の単位はニュートン[N]であり、換算すると、次の値となる。

$$1lb = 0.454kg = 4.45N$$

　また、航空機は主に英米を中心として発達してきたため、運航の現場では、メートル法ではなく、フィート・ポンド法が使われることが多い。すなわち、基本単位として長さをフィート Feet [ft]、力をポンド Pound [lb]、時間を秒 Second [sec]とする FPS 重力単位系が用いられている。

　飛行高度には、平均海面上の気圧を用いて規正を行った気圧高度計の修正高度 Calibrated altitude（大気圧を測定して得られる平均海面 Mean Sea Level：MSL からの海抜高度）が使われ、その単位として、メートルを使用するロシアや中国などを除き、一般にフィートが用いられている。本書では、特に断らない限り、この修正高度（計器高度ともいう）を単に高度という。また、比較的高い高度では、フライトレベル Flight Level：FL が単位として使用され、フライトレベルの 100 倍が気圧高度 Pressure altitude（平均海面上の気圧を水銀柱 29.92inch(760mm)または 1,013.2hPa としたときの、大気圧を測定して得られる高度）に相当する。垂直方向の速度を上昇率・降下率といい、1 分間当たりの高度の変化[ft/min] を単位とする。水平方向の距離および速度の単位には、船舶で用いられる海里：ノーティカルマイル Nautical Mile [NM]およびノット Knot [kt]が使われている。1kt は 1 時間に 1NM 進む速度であり、1NM = 1,852m であるから、1kt = 1.852km/hr となる。

　圧力の単位は、SI 単位系ではパスカル Pascal [Pa]であるが、重力単位系では [lb/ft²]および[lb/in²]（[psi]と表されることが多い）である。$1lb/ft^2 = 6.94 \times 10^{-3} psi = 4.88kg/m^2 = 47.9Pa$ となる。

　力の単位が異なるので、仕事 Work および仕事率 Power の単位も SI 単位系とは異なる。SI 単位系では、仕事および仕事率の単位は、それぞれジュール Joule [J]およびワット Watt [W]であるが、重力単位系では、[lb·ft]、[lb·ft/sec] である。仕事率の単位としては、英馬力 Horse Power [hp]が有名で長い間使われてきた。1hp = 550lb·ft/sec = 745.7W となる。本書では、仕事率をパワーという。

標準大気

　大気の状態が場所、時刻によって異なるため、空気の圧力、温度、密度などの状態量は常に変化する。このため、空気の状態量について、国際的な標準が国際民間航空機関 International Civil Aviation Organization ：ICAO によって国際標準大気 International Standard Atmosphere：ISA として定められている。ただし、ISA で用いられる高度の算出がやや複雑であることと民間機が飛行可能な高度までなら差がないことから、運航の現場においては、通常の幾何学的高度を用いた標

準大気：U.S. Standard atmosphere 1976 が用いられている。本書では、標準大気状態にある平均海面を標準海面という。すなわち、標準海面では、気温 15℃、圧力は水銀柱 29.92inch(1,013.25hPa)、密度 2.377×10^{-3} lb·sec²/ft⁴ (0.1249kg·sec²/m⁴) である。

飛行機の区分

　航空機で用いられているガスタービンエンジンには、ターボジェット、ターボファン、ターボプロップなどがあるが、いわゆるジェットエンジンにはラムジェットなども含まれるため、本書では、ターボジェット、ターボファンエンジンを装備しているジェット機をタービンジェット機という。

　飛行機の飛行速度（飛行マッハ数）領域は、亜音速、遷音速、超音速などに区分される。飛行速度が比較的小さく、空気の圧縮性の影響を受けない亜音速領域で飛行する飛行機を低亜音速機という。飛行マッハ数が大きくなって音速に近づくと、機体周りの流れは、局所的に亜音速流れと超音速流れが混在するようになる。この領域を遷音速 Transonic 領域という。現用の民間タービンジェット機の巡航速度は遷音速領域にある。

飛行速度

　飛行速度は、対気速度 Air Speed：A/S と対地速度 Ground speed：G/S に分けられる。

　対気速度は、飛行機の空気に対する相対速度である（第 7 章 1 節参照）。

　1）指示対気速度 Indicated Air Speed：IAS

　　ピトー管から計測される全圧と静圧孔から計測される静圧（外気圧）によって、それらの差である動圧を求め、速度として速度計に指示されたものであり、同一重量であれば、高度に関係なく動圧の大きさを表すので、航空機の操縦に用いられる。

　2）較正対気速度 Calibrated Air Speed：CAS

　　機体に取り付けられた静圧孔から得られる静圧は、機体の姿勢や飛行形態により静圧孔付近の機体周りの気流が変化するため、必ずしも一般流の静圧とは一致しないことがある。この静圧孔の位置による誤差と計器自体の誤差を修正した速度で、機種の違いや機体の姿勢の変化による違いに無関係となるので、航空機の性能を表すときに用いられる。近年の航空機では、速度計に指示される速度はコンピューターによって IAS の誤差が修正されたものなので、CAS としてよい。

　3）等価対気速度 Equivalent Air Speed：EAS

　　飛行速度が高速になり音速に近づくと、ピトー管から計測される全圧に、空気の圧縮性による誤差が含まれるようになる。EAS は、CAS に対してこの誤差を修正した速度であり、高度や圧縮性の影響に関係なく動圧の大きさを示すことになるので、機体の構造強度の基準速度として用いられる。

　4）真対気速度 True Air Speed：TAS

　　EAS に空気密度比の補正を行った速度であり、その密度の空気に対する相対速度である。

　対地速度は、地面に対する水平方向の速度であり、慣性航法装置、GPS などで計測される。また、TAS に対して飛行経路に対する風速成分を補正することでも得られる。

速度の記号

V_A： 設計運動速度

V_B： 最大突風に対する設計速度

V_C： 設計巡航速度

V_D： 設計急降下速度

V_{EF}： 離陸滑走中に臨界発動機が故障したと仮定する速度

V_F： 設計フラップ下げ速度

$V_{L/D}$： 最大揚抗比に対応する速度

V_{LE}： 着陸装置下げ速度

V_{LO}： 着陸装置操作速度

V_{LOF}： リフトオフ速度

V_{MBE}： 最大ブレーキエネルギー速度

V_{MCA}： 空中における最小操縦速度

V_{MCG}： 地上における最小操縦速度

V_{MD}： 最小抗力速度

V_{MO} / M_{MO}： 最大運用限界速度

V_{MP}： 必要パワー最小速度

V_{NE}： 超過禁止速度

V_R： ローテーション（引き起こし）速度

V_{RA} / M_{RA}： 乱気流中の目標速度

V_{REF}： 参照着陸進入速度

V_S： 失速速度

V_{SS}： 失速警報作動速度

V_{S1g}： 1g 失速速度

V_1： 加速停止距離内で機体を停止させるため、離陸中にパイロットが最初の操作をとる必要がある速度

V_{1B}： 釣り合い滑走路長に対応する V_1

V_2： 安全離陸速度

第1章　滑りやすい路面

1・1　摩擦力と操向力

　摩擦力 Friction force は、二つの物体が互いに接触しているとき、一つの物体を接触面に平行な力で動かそうとしたときに現れる、物体の運動を妨げる抵抗力である。運動しているときも摩擦力は働き、二つの物体の接触面に平行に、その運動を妨げる力として現れる。二つの固体間の摩擦は、タイヤが路面を転がるときなどに現れる転がり摩擦 Rolling friction と車輪ブレーキなどによって物体を静止するときに現れる滑り摩擦 Sliding friction に分類される。これらの摩擦力の大きさは、一つの固体が他の固体の表面を押す垂直な分力 N のみに比例する。従って、比例定数を μ（摩擦係数 Coefficient of friction という）とすると、これらの摩擦力 F は次の式で示される。

$$F = \mu N$$

　飛行機が地上を走行しているときも車輪のタイヤと走行路面との間に摩擦力が生じる。離陸滑走の間に現れるのは転がり摩擦であり、自由回転しているタイヤと路面との間の摩擦力や車軸のベアリングの摩擦力などから成る。この転がり摩擦における摩擦係数を転がり摩擦係数という。離陸を中断したときや着陸したときのように、車輪ブレーキを使用し、滑走路内で静止しようとしているときに現れるのは滑り摩擦である。この滑り摩擦における摩擦係数を、本書では制動摩擦係数 Braking coefficient of friction といい、以下 μ で表す。車輪ブレーキをかけていないときの、すなわち車輪が自由回転しているときの制動摩擦係数は、転がり摩擦係数と一致する。μ は走行路面の種類と状態、またタイヤの排水性に差が生じるためトレッド Tread の形状や摩耗度によって変化する。同種の走行路面でも、路面上の水たまり Standing water や結氷 Ice、積雪 Snow などの存在というような路面状態によって μ は大きく減少することとなり、また外見上同じ積雪でも雪質によって μ は異なり、湿った雪の方が乾いた雪より μ は小さくなる。また、出発前に機体の除雪氷作業で使われる防除氷液が大量に流れ落ちると、μ を低下させる。

　図1.1に示すように、タイヤに生じる摩擦力 F は、タイヤ面の方向と進行方向が一致していれば、進行方向と反対向きの制動力 Braking force：F_B としてのみ働くが、タイヤ面が横滑りして進行方向に対して角度（滑り角）が生じると、制動力とタイヤの進行方向に垂直方向の力の成分を持つようになる。この力が機体の進行方向を制御する力 Cornering force：F_C（以下、操向力という）、すなわち地上走行中の操向システム Steering system による方向変換を可能とし、また横風などの外力を受けたときの直進性を維持する力となる

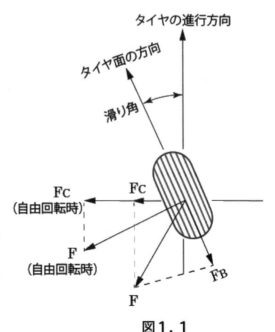

図1.1

制動摩擦係数は、タイヤと走行路面との間のスリップの百分率（以下、タイヤスリップ率という）の関数である。車輪のタイヤスリップ率は、次の式で表される。

(自由回転車輪の進行速度－車輪の回転速度)/自由回転車輪の進行速度

図1.2は、タイヤが通常の状態で舗装された路面 Paved surface の制動摩擦係数μとタイヤスリップ率の関係を示すもので、タイヤスリップ率0%はブレーキ量が0で車輪は自由に回転している状態、100%は車輪が全く回転していない状態を表している。この図から明らかなとおり、μは、強くブレーキを使用して急激に回転速度を減少させると、タイヤのスリップが大きくなって小さくなり、乾いた舗装面では、車輪回転速度が自由回転車輪進行速度より10%程度低い速度でスリップしているときに最大になる。

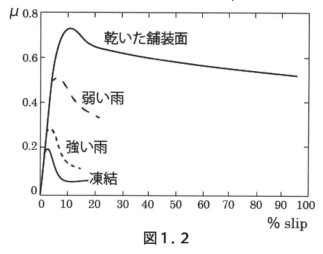

図1.2

操向力における摩擦係数を操向摩擦係数 Cornering coefficient of friction といい、タイヤスリップ率が0%のときに最大となり、100%のときは0となって直進性は失われ、また滑り角がある角度（臨界角という）を超えると急速に減少する。このため、操向力は、滑り角が比較的小さいときは滑り角に比例するが、滑り角が臨界角を超えると逆に減少する。

1・2　雪氷などに覆われた路面状態の測定

滑りやすい路面 Slippery surface では、空港管理者によって、摩擦係数が Surface Friction Tester: SFT などの摩擦係数測定用の地上車両や Tapley meter などの車両に搭載される減速度計により計測される。この地上測定摩擦係数の値はμとは同等ではないが、ある程度の相関関係が認められ、測定結果は飛行場の状態に関する情報のブレーキングアクション Braking action として通報される。ただし、路面が水たまり状態や水で飽和した半解け雪に覆われている状態のときは、これらの測定器材では正確な一貫性のある数値が得られず、地上測定摩擦係数の決定が困難であるためブレーキングアクションは通報されない。ICAOによるブレーキングアクションの等級を表1.1に示す。

表1.1

地上測定摩擦係数測定値	ブレーキングアクション	備　考
0.40 以上	GOOD	良好
0.39～0.36	MEDUM to GOOD	概ね良好
035～0.30	MEDIUM	やや不良
0.29～0.26	MEDIUM to POOR	不良
0.25 以下	POOR	きわめて不良
0.20 未満	VERY POOR	極めて不良で危険：我が国のみ

なお、我が国では、特に測定値 0.20 未満を VERY POOR（極めて不良で危険）として類別している。この地上測定摩擦係数値 0.4 に対応する μ の値は、乾燥した滑走路の μ の値よりかなり小さい。従って、滑りやすい滑走路のブレーキングアクション GOOD は、停止するまでの間、制動と操向に困難がないことを表す相対的なものであり、乾燥した滑走路と同じという意味ではないことに注意しなければならない。

滑走面上の積雪（半解け雪を含む）については、その層の深さが計測・通報される。これらの計測は、通常、特定の時刻と場所で行われるが、実際には気象状態の変化などにより時々刻々変化しているので、通報されたものより悪化していることもある。このため、特に冬期に滑走路が滑りやすい状態になる国内空港の一部では、滑走路面監視装置が設置、運用されている。この装置は、路面状態・

表１．２

Assessment Criteria		Downgrade Assessment Criteria	
Runway Condition Description	Code	Vehicle Deceleration or Directional Control Observation	Pilot Reported Braking Action
·Dry	6	—	—
·Frost ·Wet(Includes damp and 1/8 inch depth or less of water) *1/8 inch(3mm)depth or less of :* ·Slush ·Dry Snow ·Wet Snow	5	Braking deceleration is Normal for the wheel Braking effort applied AND directional control is normal.	Good
·15℃ and Colder outside air temperature: · Compacted Snow	4	Braking deceleration OR directional control is between Good and Medium.	Good to Medium
· Slippery When Wet(wet runway) · Dry Snow or Wet Snow(Any depth)over Compacted Snow *Greater than 1/8 inch(3mm)depth of :* · Dry Snow · Wet Snow *Warmer than -15℃ outside air temperature :* · Compacted Snow	3	Braking deceleration is Noticeably reduced for the Wheel braking effort applied OR directional control is noticeably reduced.	Medium
Greater than 1/8 inch(3mm)depth of : · Water · Slush	2	Braking deceleration OR directional control is between Medium and Poor.	Medium to Poor
· Ice	1	Braking deceleration is significantly reduced for the wheel braking effort applied OR directional control is significantly reduced.	Poor
· Wet Ice · Slush over Ice · Water over Compacted Snow · Dry Snow or Wet Snow over Ice	0	Braking deceleration is minimal to non-existent for the wheel braking effort applied OR directional control is uncertain.	Nil

路面温度・地中温度を自動観測する路面センサー、および路面の積雪深を自動観測する積雪深センサーから構成され、滑走路の、積雪の種類・ブレーキングアクション・積雪深・雪氷に覆われている割合などのデータが提供され、他の気象データとともに自動更新で表示される。

　米国では、2016年10月から滑走路面の状態を滑走路状態評価行列表 Runway Condition Assessment Matrix：RCAM によって評価する方式が導入され、地上の摩擦係数測定器材などで測定されたブレーキングアクションは公表されなくなった。これは、上述のように滑走路面状態によっては、摩擦係数測定器材では正確な一貫性のある数値が得られないことがあることや、この測定摩擦係数の値と航空機の摩擦係数との相関性に多少の疑問があることなどの理由によるものである。RCAM は、表1.2のように滑走路状態を路面上の雪氷の種類、深さ、気温によって分類し、これに雪氷の割合、降水状況、気温変化、風の影響、滑走路の使用頻度などを考慮して、空港管理者によって決定される7段階の滑走路状態コード Runway Condition Code：RWYCC と、この段階をアップグレード・ダウングレードするために参考となる摩擦係数測定器材による測定値や当該滑走路を使用したパイロットからの滑り易さの報告 PIREP で構成されている。RWYCC は、滑走路を3区分した各区分ごとに決定され、滑走路状態や積雪・凍結の割合とともに通報される。ICAO は、2020年11月までに RCAM 方式を導入するように求めているので、我が国の関連法規も改定されるものと思われる。

1・3　ハイドロプレーニング

　ハイドロプレーニング Hydroplaning は、水で滑走路面が濡れた時に発生することがあり、この状態になると、滑走路面との摩擦力が著しく減少し、同時に進行方向の制御も困難になる。舗装された滑走路面は、雨が降ったときの水はけを良くするために、滑走路の中央部分を高くして、両脇に向かって傾斜がつけられている（クラウン Transverse crown と呼ばれる）。これに加えて、グルーブ Grooves と呼ばれる、この傾斜に沿って滑走路の横方向にたくさんの細かい溝（間隔38mm×幅6mm×深さ6mm程度）が切られている滑走路もあり、これにより排水性を向上させて滑走路上に水たまりができないようにしているので、グルーブ滑走路ではハイドロプレーニングはほとんど発生しない。

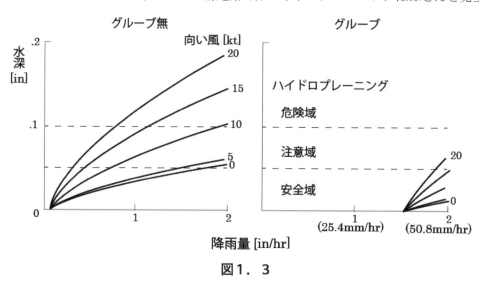

図1．3

図1.3は、グルーブの効果をハイドロプレーニングが起きる可能性と時間当りの降雨量との関係で示したもので、NASAの研究の結果である。通常、特に滑走路が乾燥状態ではない場合は向い風となる滑走路を使用するが、ハイドロプレーニングが起きる可能性はタイヤ前面の水深が深くなるほど高くなり、向い風は水をタイヤ前面に吹き寄せるので、ハイドロプレーニングが起こりやすくなる。また、舗装材にアスファルトと砕石などを混ぜた多孔質の層 Porous Friction Course：PFCが用いられた滑走路は、舗装面が高い透水性をもつので、μはグルービングされた路面と同等になる。

ハイドロプレーニングには、次の三つの型がある。

① ダイナミックハイドロプレーニング Dynamic hydroplaning

この型が一般にハイドロプレーンと呼ばれており、車輪が路面上の水を前方に押し出していくにつれ、水がタイヤの下にくさび状になって侵入してタイヤと路面の間に水の層を形成し、タイヤの接地面が浮き上がる現象である。滑走路上の水深が0.1 inch (2.5mm) 程度以上のときに起こりやすい。図1.4はタイヤ前面のくさび状になった水の圧力によってタイヤ全体が浮き

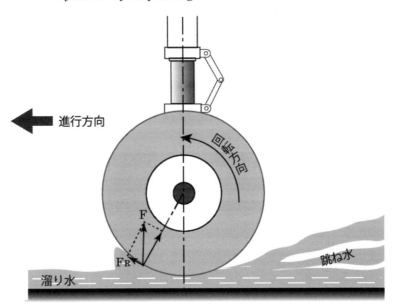

図1．4

上がった状態を示しており、タイヤに働く力Fの作用点が、路面との接地面から前方に移動するため、タイヤ面の接線方向の成分F_Rが生じ、タイヤの回転を止める力として働く。そのため、この状態でブレーキを作動させても、タイヤは水膜の上を滑るだけとなり、ブレーキによる減速は得られなくなる。ダイナミックハイドロプレーニングは、対地速度がある値以上になると起きることが知られており、その値をV_p、Pをタイヤの空気圧 [psi] とすると、おおよそ

$$V_p[kt] = 9\sqrt{P[psi]}$$

である。これをハイドロプレーニング速度 Hydroplaning speed という。ただし、最近のNASAの試験によれば、もう少し小さい速度から起きることが明らかになっている。いったんダイナミックハイドロプレーニング状態になると、上式の速度より低速（$7.7\sqrt{P}$kt 程度）にならないと、この状態から脱出できない。

② リバーテッドラバーハイドロプレーニング Reverted rubber hydroplaning

この型は、ダイナミックハイドロプレーニングが起きている間に車輪の回転が止まることが原因で、その後引き続いて起きることが多く、発生過程は次のとおりである。摩擦熱によってタ

イヤの接地面に高温の高圧蒸気が生成され、その熱のためにタイヤは生ゴム状態になる。その生ゴムがシールとなって接地面の高圧蒸気をとり囲み、タイヤを路面から浮き上がらせてしまうためハイドロプレーニングとなる。この現象はかなり低速まで持続する。

③ ビスコスハイドロプレーニング Viscous hydroplaning

この型は、滑らかな路面上で、表面のゴミ、オイルなどの汚染物と水が混じった物質の粘性によって、タイヤと路面の間の極めて薄い水膜が維持されるときに発生すると考えられている。この薄い水膜によってタイヤと路面の接触が失われ、ブレーキを作動させても、タイヤは水膜の上を滑る。従って、タイヤのゴム痕が付着している着陸接地帯 Touchdown zone 付近で起こりやすく、また、ダイナミックハイドロプレーニングより路面上の水が浅い水深で、V_p より低い速度で起きる。

1・4 滑りやすい路面における走行

1．摩擦力、制動力、操向力の関係

地上を走行する（離着陸滑走を含む）ときには、図1.1に示すように、車輪はブレーキによる制動力と操向力の両方を摩擦力によって発生させなければならない。制動力を発生させるためには、ある程度のタイヤのスリップが必要であるが、一方、タイヤのスリップが増大するにしたがって操向力は減少し、特に摩擦力が小さい場合は、摩擦力が制動力のためだけに使われると操向力は失われるから、タイヤによって発生する摩擦力を制動力と操向力に振り分けて使わなければならない。このため、図1.5に示すように、摩擦力が小さい場合、操向力が必要となったときは、制動力をある程度減少させなければならない。従って、ブレーキ操作中に機体が横滑りしたとき、ブレーキを緩めることにより、操向力が増して進行方向を制御することができるようになり、また着陸の際は、機体の進行方向を制御するために、接地時にタイヤが自由に回転できることが重要となる。また、地上旋回時に速度が大きいと、旋回に必要な操向力も速度コントロールに必要な制動力も大きくなるので、操向用と制動用の両方の摩擦力を確保するため、旋回開始時に十分減速する必要がある。

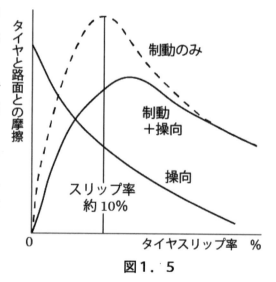

図1．5

誘導路を走行するときは、離着陸滑走時に比べて走行速度が小さいので同じ横風成分に対して横滑り角が大きくなるため、機体に生じる空気力による風下側への横力が大きくなる。また一般に、滑走路に比べ、除雪氷作業の優先順位が低いため、路面状態が悪いことが多い。これらは、方向制御を難しくする要因になることに注意しなければならない。

2．減速のための装置

減速のための装置として、車輪ブレーキ Wheel brake（以下、ブレーキという）、グラウンドス

ポイラーGround spoilers、逆推力装置
Thrust reverser（プロペラ機ではリバ
ースピッチプロペラ Reverse pitch
propeller）があり、これらによる減速力
は、対地速度 V_G によって変化する。乾
燥した滑走路におけるタービンジェッ
ト機の例を図 1.6 に示す。滑走路が[湿
潤]の場合、ブレーキによる減速力は低
下するので、高速時では、減速力の 70%

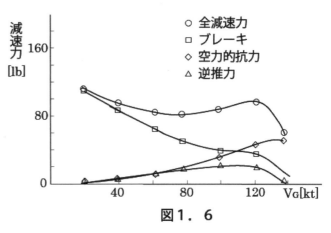

図1．6

が抗力と逆推力によるもので、全体として、乾燥した滑走路の 60〜80% 程度の減速力しか得ら
れず、グラウンドスポイラーを使用しないと、さらに減速力は 20〜30% 程度低下する。また[凍
結]の場合、高速時には空力的抗力と逆推力が減速力の 80% を、低速時には 50%を担う。([湿潤]、
[凍結]については、次節参照）なお、減速のための装置ではないが、離着陸時に用いるフラップの
角度を選ぶことが可能な場合、より大きいフラップ角を使用すれば、離着陸速度を小さくでき、ま
た減速の際に抗力が大きくなるので、加速停止距離、着陸距離が短くなる。

1）ブレーキ

　ブレーキの効果は、走行速度が小さいときの方が大きく、その使用の際のテクニックは、機体の
大きさ、装備されている装置などにより異なる。まず着陸時における操作について一般的な説明
を行う。着陸滑走の初期段階では、走行速度が大きいため動圧が大きいので、機首を高く保持す
ることにより抗力を増すことが機体の減速に有効である。その後、速度が小さくなってエレベー
ターの効きが減少し、前輪が接地したらブレーキを使用し始める。先に述べたように、ブレーキ
による摩擦力は垂直力に比例するので、前輪の荷重を減らして主輪にかかる荷重をできるだけ
大きくするために操縦桿を中立位置より手前に引くとよい。ただし、滑りやすい滑走路では、こ
の操作は前輪による操向能力を減少させるので行わない方がよい。なお、離陸を断念して減速す
る場合も、前輪接地以降の操作と同様である。一方、高性能機では、一般に操縦系統にグラウン
ドスポイラーが装備されており、また着陸位置のときのフラップ角も大きいので、抗力は十分大
きくなるし、迎え角を減らして揚力を減少させることで主輪にかかる荷重を増大させるために
も前輪を速やかに接地させる方がよい。主輪にかかる荷重は、着地する瞬間はほぼ 0 であるが、
前輪を接地させると、機体重量の 15〜30%となる。ただし、過度に操縦桿を押しつけると、エ
レベーターが下げ舵角となって主輪にかかる機体の荷重が減少し、ブレーキの効果が低下する。
また、特に大型機では、接地直後に機首を上げると、尾部を路面に接地（テールストライク Tail
strike という）させる恐れがあるので、機首を高く保持する操作は避けるべきである。

　ブレーキのアンチスキッド系統 Anti-skid system は、ブレーキが作動している間、実際の車輪
の回転速度と機体の速度を感知・比較し、ブレーキ圧を制御して望ましいスリップ速度に近い
値に保つことにより、ブレーキに最も有効に制動力を発生させるものである。ブレーキを使用
すると、アンチスキッド系統で、そのときの条件に対応した制御プログラムが決定され、それ

に基づいてブレーキ圧が調節される。このため、ブレーキペダルの踏み込み量を一定ではなく、大きくしたり小さくしたり変化 Pumping させると、踏み込み量に応じた最適なブレーキ圧に調節するのに時間を要し、制動性能は低下する。このようにアンチスキッド系統は、ブレーキペダルを最大限まで踏み込んだまま保持した時に最大の制動力が得られるように設計されている。一方、上述したように、タイヤによって発生する摩擦力を制動力と操向力に振り分けなければならないので、滑りやすい滑走路では、ブレーキペダルを中程度まで一定に踏むと、制動力はやや減少するものの、操向力は大きくなり、方向制御能力は向上する。

自動ブレーキ装置 Automatic brake system は、ブレーキペダルを踏まなくても、パイロットがあらかじめ設定した機体の減速率を維持するようにブレーキ圧を制御する装置である。このため、滑りやすい滑走路では、ブレーキペダルの操作を行わなくて済むので、機体の方向制御に専念できるという利点があり、また、スイッチを MAX 位置に置けば制動力は大きくなり、減速・停止距離を最小にすることができるが、摩擦力を制動力と操向力に振り分けなければならないから、方向制御能力は低下することに注意しなければならない。

２）グラウンドスポイラー

主翼上面に取り付けられているグラウンドスポイラーを展開すると、抗力は増大し、また、揚力は減少するので車輪にかかる機体の荷重は増加するため、ブレーキ使用による摩擦力も増大する。従って、図 1.6 に示すように、動圧が大きい高速時ほど効果が大きくなる。グラウンドスポイラーが展開することにより、抗力は 40〜80% 増大し、機体重量の 65〜90% が車輪にかかるようになる。

３）逆推力装置、リバースピッチプロペラ

逆推力装置は、タービンエンジンの噴出ガスの流れの方向をエンジン前方に変えることによって推力を逆方向にして、減速力を得るものである。逆推力装置による制動効果は、路面が乾燥して摩擦係数が大きいときはブレーキに比べて少なく、4 発機で使用しても地上滑走距離を 300ft ほどしか短縮できないが、滑走路との摩擦力とは無関係な唯一の減速力であるから、滑りやすい滑走路ではブレーキの性能が減少するため、最も有効に働く。μ は、機体接地時の対地速度から地上走行速度までの間では機速が増大するにつれ減少するので、図 1.6 に示すように、高速時におけるブレーキの減速力は比較的小さくなる。このため、逆推力装置は、特に着陸滑走あるいは離陸断念の初期の高速時に許容限度まで迅速に使用するのが効果的である。

リバースピッチプロペラは、プロペラの可変ピッチ機能を利用し、ブレード角を負（−10° 程度）にして空気を前方に加速することで、負の推力を発生させて減速効果を得るものであり、一部のプロペラ機に装備されている。この負のブレード角をリバースピッチあるいは逆ピッチという。逆推力装置と同様に、滑りやすい滑走路では減速装置として最も有効に働くが、逆推力装置、リバースピッチプロペラ共に横風などで横滑りを始めると、それを一層助長する力を発生するという問題点がある。図 1.7 は、横風のなかで機体に作用する力とモーメントを示したものであり、これで明らかなように、逆推力による横力は機体を風下に横滑りさせる方向に働き、これを修正しようとして機首を風上に向けると、この横力は一層大きくなるので、事態は悪化する

ことに注意しなければならない。

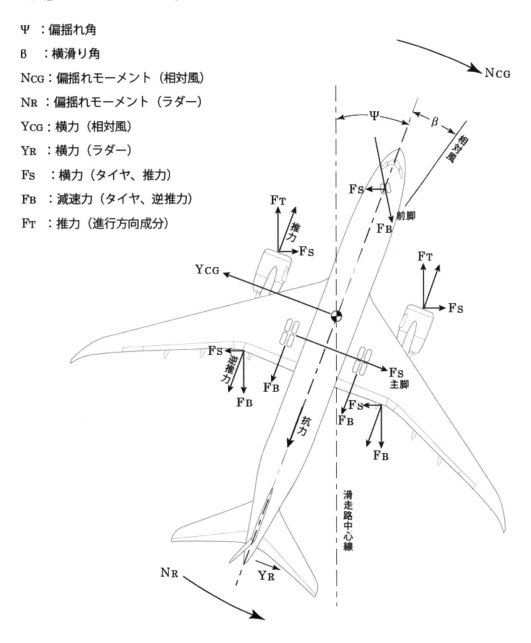

図1．7 （原図出典：ボーイング社 "Flight crew training guide"）

このような状態になったら、図1.8に示すように、いったん逆推力をアイドルまで戻して機体の方向を制御した後、減速操作を再開する。後述するように、滑りやすい滑走路や湿潤滑走路において離陸を中止したときの加速停止距離は、不作動エンジン以外のエンジンの逆推力装置を最大まで使用するものとして算定される。このとき双発機では、非対称エンジンでの逆推力の使用となるため、機体に横滑りを発生させ、またそれを助長することになるので、横滑りが生じたら上述と同様に対処する。

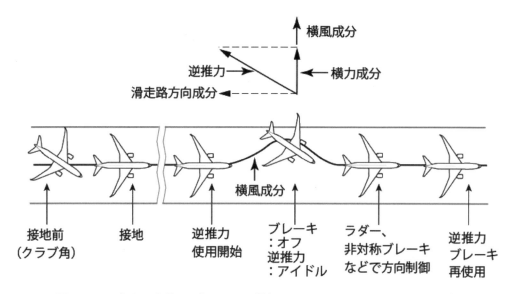

図1．8（原図出典：ボーイング社 "Flight crew training guide"）

1・5　滑走路面状態による性能への影響

　滑走路面には、コンクリート Concrete、アスファルト Asphalt、土 Dirt、草 Grass などがある。草の路面は柔らかいので、コンクリートなどの固い路面 Hard surface と比較すると、乾燥した草の場合、地上滑走における加速については、タイヤが表面から沈み、また路面に凹凸があるため、ころがり摩擦が大きくなるので加速を妨げ、減速・停止については、ころがり摩擦は大きいものの、タイヤの滑りによるブレーキの効きの低下の方が大きい。これらの影響は草が長くなるほど大きくなる。このため、地上滑走距離 Ground roll distance が延びるので、硬い路面の場合より離陸距離 Takeoff distance、着陸距離 Landing distance とも長くなるから、飛行規程 AFM：Airplane Flight Manual あるいは POH：Pilot's Operating handbook の当該性能欄に修正データが示されている。ここからは、コンクリートあるいはアスファルトにより舗装されており、固く平滑な滑走路 Hard smooth runway を前提として考える。

　滑りやすい滑走路での離着陸性能に関する法的基準は、航空法規、米連邦航空法 Federal Aviation Rule：FAR いずれにも定められていないが、我が国では運航会社が独自の基準を設け、航空当局の承認を得た上で滑りやすい滑走路での離着陸性能を設定している。ここでは、その一般的な内容について参考として述べているので、具体的かつ詳細な内容・資料については各機種の航空機運用規程 AOM：Aircraft Operating Manual などの記述を優先されたい。

　ここで、路面状態を次のように分類する。乾いている状態を[乾燥] Dry、氷に覆われている状態を[凍結] Icy、雪に覆われている状態を[積雪] Snow、水で飽和したシャーベット状の半解けの雪に覆われている状態を[融雪] Slush、降水により水たまりとなっている状態を[水溜] Water、十分濡れて表面が光って見える状態（水深 0.01 – 0.1inch / 0.25 – 2.5mm）を[湿潤] Wet と言う。なお、路面は濡れているが表面は光っていない状態（水深 0.01inch / 0.25mm 未満）は Damp と呼ばれ、[乾燥]として取り扱われる。また、踏み固められ固形化した状態の積雪を[圧雪] Compacted snow といい、μ

は[凍結]より多少大きくなるが、特性は[凍結]に近い。

1. 乾燥滑走路における離着陸性能

　耐空類別 T 類に対して定められた要件が最も厳しいので、T 類に対する乾燥滑走路における離着陸性能について概略を説明する。なお、クリアウェイ Clearway およびストップウェイ Stopway については考慮していない。他の耐空類別に対するものを含め、詳細については、参考文献などを参照されたい。

　必要離陸滑走路長 Required takeoff field length は次の三つの距離のうち最も長いものとする。

a. 全エンジン離陸距離 All engine takeoff distance　全エンジン作動の状態で離陸したとき、離陸面上 35ft に達するまでの静止出発点からの水平距離(地上滑走距離と空中距離の和)の115%に相当する距離

b. 加速継続距離 Accelerate-go distance　離陸滑走中に臨界エンジン Critical engine が不作動となり、残ったエンジンで離陸を継続し、離陸面上 35ft に達するまでの静止出発点からの水平距離

c. 加速停止距離 Accelerate-stop distance　離陸滑走中に臨界エンジンが不作動となり、離陸を断念 Rejected takeoff：RTO して完全に停止した地点までの静止出発点からの距離

　なお、加速停止距離の算定の際、減速操作として、不作動エンジン以外のエンジン推力はアイドル、グラウンドスポイラーの使用、アンチスキッド系統作動状態で最大ブレーキ使用、逆推力装置は使用しないことが前提となっている。ただし、パイロットの減速操作のタイミングなどの前提は機種によって異なっている。これらを図 1.9 に示す。

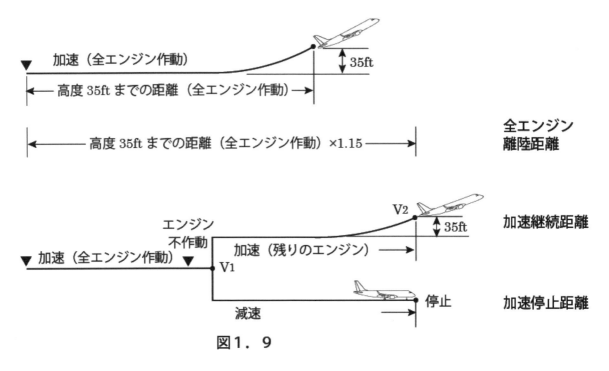

図1.9

なお、近年製造された機種では全エンジン作動時の加速停止距離も求めることとなっているが、

ここでは全機種共通の1エンジン不作動時の加速停止距離についてのみ考える。

V_1 は、離陸滑走中に臨界発動機が不作動となったとき、加速停止距離の範囲内で機体を停止させるため、離陸中にパイロットがブレーキの使用などの最初の操作をとる必要がある速度であり、また、離陸を継続し、加速継続距離の範囲内で離陸面上必要な高さを得ることができるような離陸中の最小速度である。すなわち、V_1 は加速継続距離および加速停止距離を決定する速度である。また、V_1 は、実際にエンジン故障が発生し推力低下が始まった速度 Critical engine failure speed：V_{EF}（ただし、V_{EF} は、地上において臨界発動機が不作動になったとき、ラダーのみを使用して方向の操縦が保持できる最小速度（地上における最小操縦速度）V_{MCG} 以上でなければならない）にパイロットがエンジン故障に気づくまでの速度増加分 ΔV を加えた速度以上でなければならず、さらに、ブレーキを使用することで機体の運動エネルギーが熱エネルギーに変換され、ブレーキ系統の温度が上昇するので、最大ブレーキを使用したときのブレーキ系統の許容最大温度によって制限される速度（最大ブレーキエネルギー速度）Maximum brake energy speed：V_{MBE} 以下でなければならない。V_1 をこれらの値の間で変化させると、V_1 が大きくなるにつれ加速停止距離は増大し、一方、V_1 が小さくなるにつれ加速継続距離が増大する。従って、加速停止距離と加速継続距離が等しくなる V_1 が存在し、これを V_{1B} と表す。V_1 として V_{1B} を選べば、必要離陸滑走路長を最も短くすることができ、これを釣り合い滑走路長 Balanced field length という。以上の関係を図 1.10 に示す。

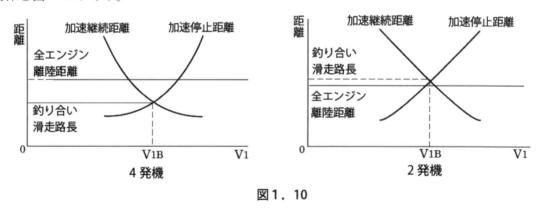

図 1．10

着陸距離 Landing distance とは、着陸面上高さ 50ft(15m) の地点から、接地して完全に停止するのに必要な水平距離である。すなわち、図 1.11 で示すように、着陸距離は、着陸面上の高さ 50ft から機体が接地するまでの空中距離 Air distance と接地してから完全に停止するまでの地上滑走距離 Ground roll distance から成る。着陸距離測定・算定の条件のうち、この章に関連するものは次の通りである。

① 着陸は、過大な垂直方向の加速度（落着）、バウンス(跳躍) Bounce、転覆 Nose over、グラウンドループ Ground loop、ポーポイズ Porpoise などを起こすことなくなされなければならない。
② 着陸面上高さ 50ft まで参照着陸進入速度 V_{REF}(CAS) 以上の降下速度で定常的な進入を行う。なお、V_{REF} は、重量が極めて軽い場合を除き、着陸形態における 1g 失速速度の 1.23 倍である。
③ 進入角 3° で進入し、パイロット操作の個人差の影響を除くため、ほとんどフレアなしで接地させる。（この結果、50ft の地点からの空中距離は約 1,000ft になる。）

④ブレーキについては、アンチスキッド系統は正常に作動している状態で、許容最大ブレーキを使用する。

⑤グラウンドスポイラーについては、手動で展開させる（着陸接地時に自動的に展開する機能 Automatic ground spoiler system を持つものは、それを作動させる）。

⑥逆推力装置は使用しないものとする。

⑦外気温度は標準大気温度とし、実際の気温は考慮されない。また、滑走路は硬く、滑らかで水平とし、実際の滑走路勾配は考慮されない。

　実際の着陸では、通常、V_{REF} より多めの速度で進入し、スムーズに接地させるためにフレアを行い、ブレーキも快適性をあまり損なわない程度に使用される。また実際の気象状態、滑走路勾配は上記の条件とは異なることが多い。このため、ほとんどの場合、実際の着陸距離 Actual landing distance は上記の条件の下で測定・算定された着陸距離より長くなる。そこで、次のような関係で決定される着陸滑走路長 Landing field length を着陸に必要な最小の滑走路長としている。

$$着陸滑走路長 = 着陸距離 / 0.6$$

なお、条件では、アンチスキッド系統およびグラウンドスポイラーの自動展開機能が作動することとなっているので、これらが不作動の場合は着陸滑走路長を補正する必要がある。また、逆推力装置は使用しないこととなっているが、実際の着陸では通常は使用され、その制動効果は余裕として扱われる。

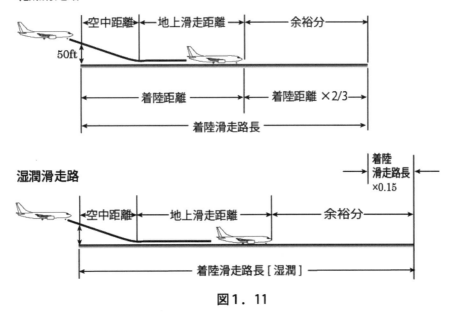

図1．11

　タービンジェット機（一部を除く）では、飛行計画の段階で目的飛行場 Destination airport および代替飛行場 Alternate airport 到達時に予想される着陸重量および気象状態における着陸滑走路長が、着陸滑走路の有効滑走路長 Effective length of runway 以下となっていなければ、出発してはならないと規定されている。ただし、プロペラ機（ターボプロップ機を含む）では、代替飛行

場については、着陸距離／0.7に相当する長さが有効滑走路長以下となっていなければならない。

2．離陸性能

離陸性能に対して以下に述べる要素が影響するので、離陸性能を算定するときのパラメーターは、[凍結]、[圧雪]ではブレーキングアクション、[積雪]、[融雪]ではその層の深さが用いられることが多い。また、[水溜]ではハイドロプレーニング発生の可能性を考慮して算定される。

1）地上滑走

滑りやすい滑走路における地上滑走の加速に対する影響は、滑走路が[湿潤]、[凍結]、[圧雪]の場合は、路面に水たまりなどがないので[乾燥]と同じであり、[積雪]、[融雪]、[水溜]の場合は、タイヤが半解け雪や水などをかき分けて進むことで生じる抵抗、およびタイヤにより跳ね上げられた半解け雪や水などが機体に当たることで生じる抵抗によって、加速が妨げられる。減速・停止に対する影響は、[湿潤]の場合は、路面が濡れているのでμは[乾燥]の1/2程度となるため、ブレーキの効きは低下する。[凍結]、[圧雪]の場合は、ブレーキの効きが著しく低下する。[積雪]、[融雪]、[水溜]の場合は、ハイドロプレーニング速度より大きい速度ではハイドロプレーニングが発生する可能性が高く、この場合、ブレーキの効きは[氷結]と同様に著しく低下する。一方、上述の機体に対する抵抗が機体の減速力に加わる。

2）必要離陸滑走路長と V_1

加速停止距離は、乾燥滑走路における加速停止距離とは異なり、減速中に不作動エンジン以外のエンジンの逆推力装置を最大まで使用するものとして算定される。ここでは2発機を例として説明する。

a）[凍結]、[圧雪]

加速部分については、[乾燥]と同じと考えてよいので、全エンジン離陸距離および加速継続距離は影響を受けない。減速・停止部分については、ブレーキの効果が大幅に低下するため加速停止距離が延びるので、必要離陸滑走路長は長くなる。V_{1B}は、加速停止距離が長くなるため、[乾燥]より小さな値となる。（図1.12参照）

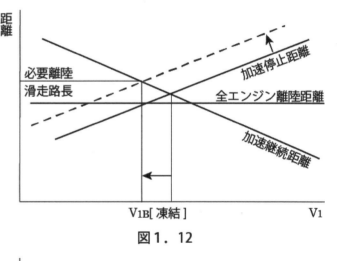

図1．12

b）[積雪]、[融雪]、[水溜]

加速部分については、機体に対する抵抗によって距離が伸びるため、加速停止距離の加速部分と全エンジン離陸

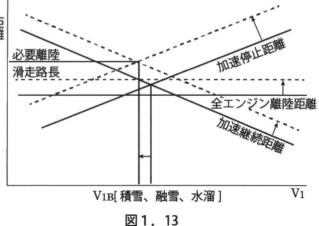

図1．13

距離および加速継続距離が[乾燥]より長くなる。減速部分については、機体に対する抵抗が減速力を増すものの、ブレーキの効きの低下による影響の方が大きいので、[乾燥]より長くなる。従って、加速停止距離は、加速部分、減速部分共に[乾燥]より長くなる。この結果、必要離陸滑走路長は長くなり、V_{1B}の値は小さくなる。（図1.13参照）

3）V_1とV_{MCG}との関係

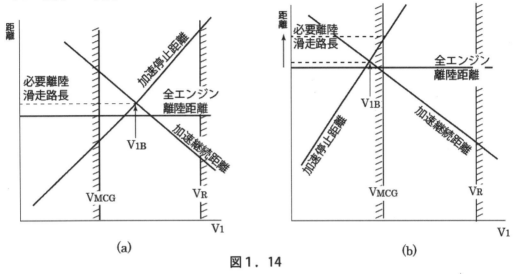

図1．14

滑りやすい滑走路を含めて、通常、V_{1B}とV_{MCG}は図1.14(a)に示すような関係となっている。一方、滑りやすい滑走路では、通常V_{1B}の値は小さくなるが、$V_{MCG} \leqq V_1$でなければならないので、V_{1B}より大きいV_{MCG}をV_1とする必要が生じることがある。この場合、図(b)に示すように、必要離陸滑走路長は加速停止距離とV_{MCG}との交点となり、V_1としてV_{1B}をとることができる場合より大きく延びる。離陸推力は大きい方を選定すれば、釣り合い滑走路長を短くできるが、V_{MCG}は大きくなる。従って、加速停止距離によって必要離陸滑走路長が決定される場合は、必要離陸滑走路長が長くなってしまうので、これらを考慮して離陸推力を選定する必要がある。

4）積雪（半解け雪を含む）の深さ、雪質

　路面上の雪、半解け雪の深さが与える影響は次のようになる。釣り合い滑走路長は、機体に対する抵抗が大きくなるので、深くなると長くなる（図1.15のB点）。加速停止距離については、加速部分は深くなると長くなるが、V_1以降の減速・停止部分は機体に対する抵抗が減速力に寄与することの方が大きく、全体として深い方が短くなる（図のA点）。すなわち、雪、半解け雪の深さによる影響は、必要離陸滑走路長が釣り合い滑走路長で決まる場合と加速停止距離で決

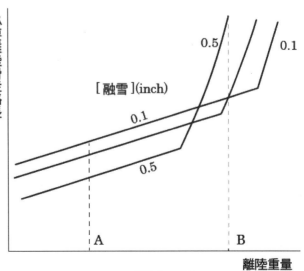

図1．15

まる場合で逆転する。これらの影響は、雪質によって比重が異なるため同じ深さの積雪であっても差が現れ、比重が大きい雪質の方が与える影響は大きくなる。そのため、比重が小さい順に、雪質がさらさらの乾いた雪 Dry snow、湿った雪 Wet snow、水で飽和した雪[融雪] Slush に雪を区分し、このうちの一つの雪質、例えば[融雪]を標準とし、他の雪質の積雪深を比重の違いに基づき換算して性能を計算する必要がある。

5）滑走路勾配、風などによる影響

滑走路勾配については、下り勾配は、加速が大きくなるので、釣り合い滑走路長を短くする効果を生じるが（図1.16のB点）、加速停止距離に対しては、加速部分では距離を短くするものの、減速・停止部分では減速が小さくなるので距離は長くなり、全体としては加速停止距離を長くする効果を生じることとなり（図のA点）、その効果は逆転する。

風、気圧高度、気温による影響は、それぞれ差はあるが、傾向は乾燥滑走路におけるものと同様である。

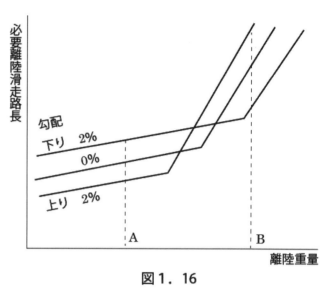

図1.16

6）湿潤滑走路

滑走路が[湿潤]における離陸性能に関する法的基準は、B787など近年に製造された機体については、滑走路のグルービングの有無によって二つに分類されて定められている。一方、それ以前に製造された機体については、滑りやすい滑走路の場合と同様であり、我が国では運航会社が独自に基準を設け、それを航空当局の承認を得て設定しているが、その内容は基本的にはほとんど違いがない。加速部分については、[凍結]と同様に[乾燥]と同じと考えてよいので、全エンジン離陸距離および加速継続距離は影響を受けない。減速・停止部分については、ブレーキの効きが低下するため加速停止距離が延びるので、釣り合い滑走路長も延びる結果となる。そこで、加速継続距離の末端における高さ Screen height：SH を 35ft(10.7m) から 15ft(4.6m)に下げることで加速継続距離を短縮し、[乾燥]における V_{1B} から加速継続距離と加速停止距離が等しくなる速度まで減少させて、これ

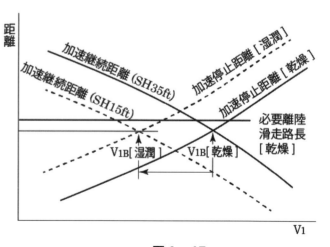

図1.17

を[湿潤]における $V_1:V_{1B}$[湿潤]とする方法がとられる。これにより、4発機やグルーブされた滑走路における2発機では、図1.17のように、加速継続距離および加速停止距離共に乾燥滑走路の必要滑走路長内に収めることができる。あるいは図1.18のように、釣り合い滑走路長が、乾燥滑走路の必要滑走路長と比べてあまり大きくならない程度まで V_1 を引

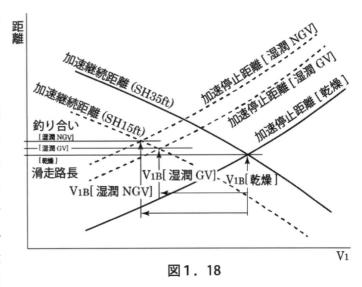

図1. 18

き下げ、その速度をそれぞれグルーブされた滑走路：GVおよびグルーブされていない滑走路：NGVの V_{1B}[湿潤]として離陸性能チャートを新たに設定している。ただし、いずれの場合も、減少させた値が V_{MCG} より小さくなったときは、V_{MCG} を V_{1B}[湿潤]とする。なお、法的基準では、[湿潤]における加速停止距離の決定の際に、逆推力装置による減速の効果を含めてもよいとされているので、この効果を含めて算定している機種が多い。また4発機では、障害物がある場合、当該障害物に対し15ftではなく[乾燥]と同じく35ft以上の高度で飛行できるよう離陸重量を減少させるという条件を付加されている機種が多い。

3．着陸性能

着陸性能を算定するときのパラメーターは、[融雪]ではブレーキングアクションが通報されないので、一般にブレーキングアクションをPOORとして算定し、[水溜]では離陸性能と同様、その他はブレーキングアクションを用いている。

1）空中距離

進入速度が過大であると、フレア時に機体の沈みが止まるフローティングFloatingの状態になりやすく、また接地時にバウンスする可能性が高くなり、この結果、空中距離は延びることになる。フレア時に速度が定められた V_{REF} より10kt多く、かつ望ましい接地速度まで接地を遅らせると、着陸距離は約2,000ft延びる。一方、速度が10kt大きいままで接地して停止操作に入れば、着陸距離の延びは滑走路が[乾燥]で300ft、[凍結]でも500ft程度である。すなわち、地上でスポイラー、逆推力装置あるいはリバースピッチプロペラ、ブレーキを使用して減速する方が、空中で減速するよりずっと効果が大きい。滑走路末端の通過高さが高過ぎると、接地点Touchdown pointが延びる結果になりやすく、空中距離が延びることになる。降下角3°の滑走路末端での正規の高さより50ft高いと、接地点は約1,000ft延びる。しかし、フレア開始近くの高度で無理に低くしようとすると、落着Hard landing、バウンス、滑走路手前での着地Short landingなどの危険性が生じる。何らかの理由で、接地点が手前すぎたり、延びたりしそうなときは着陸復行を躊躇してはならない。

機体を接地させる際はしっかりと着地 Firm touchdown させ、スムーズな接地にこだわって接地点が延びてしまうことは避けなければならない。

２）地上滑走距離

滑りやすい滑走路における地上滑走の減速・停止に対する影響については、２項１）で述べたとおりである。ただし、[積雪]、[融雪]の場合、機体に対する抵抗が減速力として加わるが、地上滑走距離の算定には考慮されず、余裕分とされる。

ブレーキのアンチスキッド系統や自動ブレーキ装置、グラウンドスポイラーは主輪の回転を感知して作動する機構になっているものが多く、また逆推力装置は主脚にかかる荷重がある程度以上にならないと作動しないので、車輪を早く回転させ、地上滑走距離を延ばさないためにも、しっかりと着地させることが重要であるが、一方、接地時にバウンスすると、空中にある間にブレーキによる制動効果がなくなるばかりでなく、接地後に始まるアンチスキッド系統の作動プログラムを決定するためのシークエンスがやり直しとなって、時間を浪費することになり、地上滑走距離が延びる。

地上滑走の途中で減速が確保されていると感じられても、滑走路端に近づくと、着陸接地点付近の濡れた付着ゴムや滑走路標識の塗装などによりブレーキがほとんど効かなくなり、滑走路内で停止できなくなることがあるので、なるべく早い段階で十分に減速させておくべきである。

３）着陸距離

算出した滑りやすい滑走路における着陸距離が下記４）の[湿潤]着陸滑走路長より短い場合には、この[湿潤]着陸滑走路長を適用することが法的要件として求められている。

４）湿潤滑走路

滑走路が[湿潤]における着陸性能に関しては、**図 1.11** に示すように、[乾燥]における着陸滑走路長の 1.15 倍の長さ、すなわち着陸距離の 1.92 倍を[湿潤]着陸滑走路長とすることが定められている。ただし、この一律 +15%という数値は、実際の滑走路の[湿潤]における μ の値に基づいて決められたものではない。

４．横風着陸

横風があるときの着陸には、横風成分に対して横滑り Sideslip させて着地するウィングローWing low 方式と機首を相対風の方向に向けたまま着地するクラブ Crab 方式がある。横風成分を横滑りのみで対処して接地させようとすれば、横風成分が大きくなるほど接地時のバンク(横揺れ)角 Bank angle は大きくなり、翼端、フラップ端やエンジンポッドなどを接地させる可能性が生じる。特に、突風や擾乱があるときには一層その危険性が増す。一方、横風成分を風上側へのクラブ角（滑走路中心線を維持するための偏流修正角）のみで対処して接地させようとすると、横風成分が大きくなるほど接地時にタイヤにかかる横力が大きくなり、着陸装置などに悪影響を及ぼすだけでなく、機体の方向制御が困難になりかねない。

着地後、地上走行するときを考えると、横風のなかで機体に作用する力とモーメントは、**図 1.7** に示すとおりであり、横風成分による横滑り角 β によって機体に空気力が生じ、風下側への横力 Y_{CG} となるので、地上滑走で直進するには、脚、ラダー、推力による反対方向の横力 F_s によって釣り合

第1章　滑りやすい路面

わせなければならず、そのためには、適当なクラブ角（図では偏揺れ角 Ψ）を風上に取らなければならない。滑りやすい滑走路にウイングローのみ、クラブ角なしで着地すると、脚や推力による横力はなくなるので、機体は風下に流され、滑走路を逸脱する恐れが大きくなる。従って、特に滑りやすい滑走路では、翼端などが接地する危険性を減らすためにも、ある程度のクラブ角を残して着地すべきである。一般に、クラブ角を半分減らし、その分を大きくなり過ぎないように注意しつつバンク角で補う方法で着地するとよい。この場合、正確には機種によって異なるが、おおよそクラブ角の減少量 2° に対してバンク角の増加量は 1° というのが目安である。

1・6　事例

1）コンティネンタル航空 MD82（ニューヨーク ラガーディア国際空港 1994 年 3 月 2 日）

　同機は、副操縦士が操縦を担当して降雪のなかを離陸中、対気速度計の誤指示のため離陸を中止したが、機体は滑走を続け、滑走路前方の堤防に乗り上げ大破した。米国交通安全委員会 NTSB の報告によると、機体には出発前に除雪・防氷作業が行われていたが、出発時には雪が強くなり、路面は誘導路を走るのに方向維持が難しいほどの状態であった。離陸滑走開始後、60kt ほどで対気速度の動きが異常になったが、離陸中止の決断に時間を要し、車輪ブレーキとエンジン逆推力を最大まで使用したにもかかわらず、機体は滑り続け、滑走路端を越えて堤防に激突した。事故後の解析によると、エンジン始動前チェックリストでピトー・静圧系統の防除水ヒーター（第 3 章 4 節参照）を作動させることになっているのだが、実際にはスイッチはオフ位置のままであった。この場合、オーバーヘッドパネルの表示灯が点灯し、離陸前チェックリストで他の表示灯とともに点検することになっていたが、その点灯も見過ごされた。事故の原因は、ピトー・静圧系統の防除水ヒーターを作動させなかったため、雪氷がピトー管を閉塞し、対気速度計の指示が異常となり、離陸断念時に減速操作を開始する速度である V_1 を越えた速度で離陸中止を実施することとなったものと推定された。

2）サウスウェスト航空 B737-700（シカゴ ミッドウェイ国際空港 2005 年 12 月 8 日）

　同機は、中程度の降雪と着氷性の霧により滑走路視距離 RVR が ILS 進入限界値ぎりぎりの気象状態のなかで着陸したが、滑走路内では停止できず、末端から 500ft オーバーランして大破した。進入開始前の着陸滑走路の風は追い風 8kt で、ブレーキングアクションは、滑走路の前半部分が FAIR（ICAO 等級では概ね MEDIUM to GOOD に近い GOOD）、後半部分が POOR（概ね MEDIUM to GOOD から POOR）であり、操縦室に搭載された性能コンピューターによれば、FAIR の場合、滑走路末端から 560ft 手前、POOR の場合、40ft 手前で停止できるとの計算結果であった。しかし、これは計算プログラムの不備により実際には追い風 5kt で計算された結果であり、8kt で計算すると、滑走路末端を 260ft 越えて停止するという結果となる。またパイロットは、算出された着陸距離には接地後ただちに逆推力装置を作動させるという前提条件があることに気づかなかった。着陸の際、ブレーキングアクションは滑走路の大部分が FAIR まで良化し、また接地点、接地速度とも正常であったが、初めて使用する自動ブレーキ装置の作動状況に気を取られ、逆推力装置を作動させたのは接地から 15 秒後であった。NTSB の

報告によれば、着陸時の気象および滑走路状態において、接地後ただちに逆推力を最大にしていれば、滑走路末端から 270ft 手前で停止できただろうということである。また、性能計算の前提条件を常に確認することが重要であると指摘している。

3）カンタス航空 B747-400（バンコク バンコク国際空港 1999 年 9 月 23 日）

同機は、豪雨により水に覆われたグルーブされていない滑走路に着陸したが、長さ 3,150m(10,330ft)の滑走路内では停止できず、末端から 320m オーバーランし、機体は損壊した。オーストラリア運輸安全局 ATSB の報告によると、乗員は、着陸の手順としてカンタス航空が定めた通常の手順である「フラップ角 25、逆推力 アイドル」を選んだ（B747 では、着陸時のフラップ角は 25 または 30 である）。操縦は副操縦士が担当していたが、滑走路近くで豪雨に突入して滑走路進入端に達したとき、定められた進入角の通過高度より 32ft 高く、V_{REF} より 19kt 大きい速度であったため、フレア中に機長は着陸復行を指示した。しかし、その直後主輪が接地したので、機長は指示を翻し、自ら着陸操作を開始した。このため、望ましい接地点とされる滑走路進入端から 366m(1,200ft)の地点より 636m(2,085ft)先方に接地し、また操縦者交代の不明確さもあって、前輪の接地は着地の 11 秒後となり、逆推力装置も使用されなかった。ボーイング社によれば、「フラップ角 25、逆推力 アイドル」の場合、ブレーキングアクション POOR と仮定すると、望ましい地点に望ましい速度で接地しても、滑走路の長さは不足するが、逆推力を最大まで使用すれば、フラップ角 25 でも滑走路の長さは 590m ほど余裕があり、フラップ角 30 ならば、逆推力がアイドルでも滑走路内で停止可能であった。

4）日本航空 B747-200（アラスカ アンカレッジ国際空港 1975 年 12 月 16 日）

同機は、離陸のため降雨のなか凍結した誘導路を走行していたところ、横風により機体が滑り始めた。パイロットによる操向装置およびブレーキの操作でいったんは修正されたものの再び滑り始めたため、走行を継続するのは危険と判断してエンジンを停止し、パーキングブレーキを作動させた後、牽引車による牽引を要請した。しかし、機体は機首を風上方向に向けながら後退し、誘導路から脇のくぼ地に滑落し、大破した。NTSB の報告によると、当時の気象状態は弱い雪から雨に変わっていたが、路面は氷点下であったため、雨が路面に当たって凍るときに生じる凝固熱によって氷が解け、その水が路面上の氷の凹面に流れて再凍結し、路面は氷の上に極めて薄い水の層が覆った滑らかなスケートリンクのような状態であった。しかし、同機が誘導路を走行し始める時点まで滑り止め用の砂や融雪氷用の尿素は散布されていなかった。このため、誘導路面の摩擦係数が極度に低下していたこと、強い横風（約 20kt ガスト 30kt）、およびパーキングブレーキ圧力が不十分であったことが、この事故の原因とされた。

第２章　バックサイド

バックサイド Backside of the power/thrust curve での飛行は、それ自体は危険な状況を伴うものではないが、後の章で述べるような飛行に障害となる事象が重なると、機体のコントロールが困難となり、重大な事態に陥ることもある。

２・１　必要推力、必要パワー、利用推力、利用パワー

飛行機が重量 W、対気速度 V で定常水平飛行を行っているとき、V によって生じた揚力 L は W と釣合い、また V に応じた全機の抗力 D が発生するので、これに釣合う推力 T が必要になる。従って、この時の推力、すなわち必要推力 Thrust required：T_r は、誘導抗力係数 $C_{Di} = C_L^2/\pi eA_R$ であり、また L＝W であるから、次の式で表される。

$$T_r = D = D_p + D_i = \left(\frac{1}{2}C_{Dp-min}\rho S\right)V^2 + \left(\frac{\rho SC_L^2}{2\pi eA_R}\right)V^2 = \left(\frac{1}{2}C_{Dp-min}\rho S\right)V^2 + \left(\frac{2W^2}{\pi eA_R\rho S}\right)\frac{1}{V^2}$$

ただし、C_L は揚力係数、D_p は有害抗力、D_i は誘導抗力、ρ は空気密度、S は翼面積、C_{Dp-min} は零揚力角付近で最小となったときの有害抗力係数 C_{Dp}、A_R はアスペクト比、e は飛行機効率である。飛行機を操縦するときは、TAS より EAS（IAS と考えてよい）の方が便利なので、標準海面上の空気密度を ρ_0 として対気速度 V(TAS) を V_e(EAS) で表すと、上式は次のようになる。

$$T_r = \left(\frac{1}{2}C_{Dp-min}\rho_0 S\right)V_e^2 + \left(\frac{2W^2}{\pi eA_R\rho_0 S}\right)\frac{1}{V_e^2}$$

従って、与えられた機体および飛行形態 Configuration では、上式の W 以外は定数であるから、W が一定ならば、T_r は V_e の関数となる。

プロペラ機では、エンジンの出力はパワーあるいは馬力といった仕事率で示されるので、同様の飛行を行っているとき、仕事率 D・V というパワーが必要ということになる。従って、この時のパワー、すなわち必要パワーPower required：P_r は次の式で表される。

$$P_r = D \cdot V = \left(\frac{1}{2}\rho V^2 SC_D\right)V = \frac{1}{2}\rho V^3 S\left(C_{Dp-min} + \frac{C_L^2}{\pi eA_R}\right) = \frac{1}{2}C_{Dp-min}\rho S \cdot V^3 + \frac{2W^2}{\pi eA_R\rho S}\cdot\frac{1}{V}$$

必要推力と同様に、速度 V を V_e で表すと、上式は次のようになる。

$$P_r = \left(\frac{1}{2}C_{Dp-min}\rho_0 S \cdot V_e^3 + \frac{2W^2}{\pi eA_R\rho_0 S}\cdot\frac{1}{V_e}\right)\sqrt{\frac{\rho_0}{\rho}}$$

従って、与えられた機体および飛行形態では、W および ρ が一定ならば、P_r は V_e の関数となる。この式の右辺第 1 項をパラサイトパワー Parasite power required といい、第 2 項を誘導パワー Induced power required という。

図 2.1 は、与えられた重量、着陸装置および高揚力装置などの飛行形態における、ある高度で定常飛行しているときの、これらの式から求められた $T_r \sim V_e$ の関係を示す必要推力曲線、および $P_r \sim V_e$ の関係を示す必要パワー曲線である。ただし、空気の圧縮性により抗力が急増する高速部分は除

いてある。なお、いずれの飛行形態でも、曲線の形状はほとんど変わらない。ここで、必要推力最小となるのは、定常水平飛行中はL＝Wなので、

$$D = \frac{W}{L}D = \frac{C_D}{C_L}W = \frac{W}{C_L/C_D}$$

となるから、揚抗比(C_L / C_D)が最大となるときである。従って、必要推力最小となる速度、すなわち最小抗力速度V_{MD}は、最大揚抗比に対応する（揚抗比が最大となる迎え角に対応する）速度$V_{L/D}$である。また、必要パワー最小となるのは、

$$P_r = \left(\frac{1}{2}\rho V^2 S C_D\right)V = \frac{1}{2}\rho\left(\frac{2W}{\rho C_L S}\right)^{3/2}C_D S = \frac{C_D}{C_L^{3/2}}\left(\frac{2W^3}{\rho S}\right)^{1/2}$$

であるから、必要パワー最小となる速度V_{MP}は、($C_L^{3/2} / C_D$)が最大となる速度である。

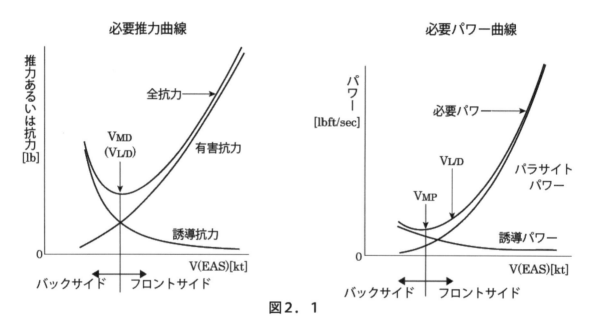

図2．1

　この図で必要推力T_rまたは必要パワーP_rが最小となる速度より高速の領域を曲線のフロントサイドあるいはノーマルコマンド領域 Region of normal command といい、T_rまたはP_rが最小となる速度より低速の領域を曲線のバックサイド Backside of the power/thrust curve あるいはリバースコマンド領域 Region of reversed command という。フロントサイドでは、飛行速度が大きいほど大きい推力(パワー)を必要とする。バックサイドはD_iの方が優勢な領域であり、速度と推力(パワー)の関係はフロントサイドと逆になり、小さい速度で飛行するためには、大きい推力(パワー)を必要とする速度域である。つまり、飛行機が減速したら、その速度で高度を維持して飛行するためには、より大きい推力(パワー)が必要になるということである。

　図2.2の左図のT_aは、推進装置が出す推力で利用推力 Thrust available、右図のP_aは、推進装置が出すパワーで利用パワー Power available であり、離陸時を除く飛行中の最大値はそれぞれ最大連続推力 Maximum Continuous Thrust：MCT、最大連続パワー Maximum Continuous Power：MCPである。タービンジェット機では、推力レバー Thrust lever が固定されているとき、図のような範囲

の小さな速度の変化に対して T_a はほぼ一定である。ピストンエンジンの正味パワーを BP：Brake power、プロペラ効率を η_p とすれば、$P_a = \eta_p \cdot BP$ である。従って、定速プロペラを装備しているピストン機では、スロットルレバーThrottle leverが固定され、マニフォールド圧力Manifold pressureおよび回転数が一定であればBPは一定であり、小さな速度の変化に対して η_p の変化は小さいので、P_a はほぼ一定である。

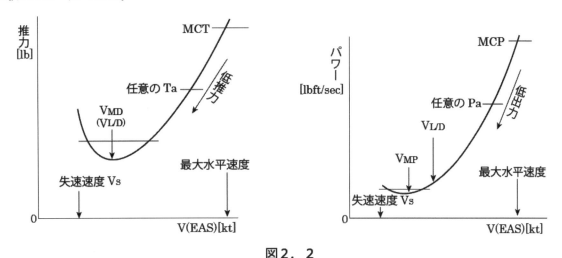

図2．2

必要推力曲線は、圧縮性による抗力の増加を無視できる速度領域では高度の影響受けず、図2.1と同一であるが、T_a は高度とともに減少する。また、必要パワー曲線は、高度が高くなるにつれて $\sqrt{\rho_0}/\sqrt{\rho}$ の比で上方に移動し、P_a は高度とともに減少する。このため、いずれの場合でも、フロントサイドは高度とともに狭くなる。

2・2　飛行可能速度域における飛行特性

1．速度安定

　縦安定Longitudinal stabilityを持つ飛行機がトリムされた状態にある速度で定常飛行しているとき、エレベーターを操舵せず、舵角はそのままという条件で、外乱Disturbance（気流の乱れなど）に遭遇し、速度が増加した場合、水平尾翼の下向きの揚力が増加するので、機首上げモーメントPitch up momentが生じ、迎え角がより大きくなることで元の速度に戻そうとする。速度が減少した場合は、逆に機首下げモーメントPitch down momentが生じ、迎え角がより小さくなることで元の速度に戻そうとする。通常の飛行機は、定められたように運用されれば、速度に関してこのような傾向を有しており、この場合、速度安定Speed stabilityがあるという。次に、エレベーターだけを操舵して高度を一定に保つという条件で、同様について考えてみる。図2.3で明らかなように、飛行機がフロントサイドの、ある速度で定常飛行しているとき、外乱などによって速度が増加した場合、エンジン出力を調整しなくても、$T_r(P_r)$ が $T_a(P_a)$ を上回り、推力不足となるので速度は減少する。逆に速度が減少すると、$T_r(P_r)$ は $T_a(P_a)$ を下回り、推力余剰となるので速度は増加する。このように外乱によって速度が変化したときに、エンジン出力を調整しなくても、元の釣り合い状態と、それに対応

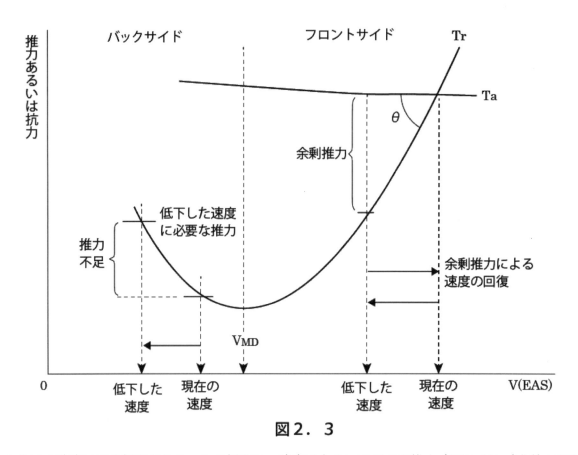

図2．3

する元の速度に戻る傾向があり、その傾向は、速度が大きいほど必要推力(必要パワー)曲線と利用推力(利用パワー)曲線の交わる角度 θ が大きくなるので強くなる。一方、速度がバックサイドにあるときに同様な事態になった場合、速度が小さいほど $T_r(P_r)$ が大きくなるから、減速すると推力不足となるので速度は一層減少し、逆に速度が増加すると、推力余剰となるので速度は一層増加する。このように外乱などによって速度が変動したときの $T_r(P_r)$ と $T_a(P_a)$ の差はその速度変動を一層大きくするので、速度がバックサイドにある場合、速度が変動したときに高度を変えずに飛行するためには、エンジン出力も調整しなければならない。すなわち、エレベーターだけを用いて高度一定で飛行するという条件の下では、フロントサイドで飛行しているときのみ速度の動安定が得られる。V_{MD}(V_{MP})近傍の速度で飛行しているときは、安定性はほとんど中立となり、必要推力(必要パワー)曲線と利用推力(利用パワー)曲線の交わる角度が僅になるため、外乱によって変化した速度がそのまま維持される傾向がある。以上述べたことは、厳密には高度一定の飛行、すなわち水平飛行について言えることであるが、通常の定常上昇・定常降下にも十分な精度を持って適用できる。

2．飛行経路安定

飛行経路角 Flight path angle は垂直方向の飛行経路と水平面の成す角度、すなわち水平飛行 Level flight 時ならば飛行経路角は 0°、上昇・降下時ならば上昇角 Climb angle・降下角 Descent angle である。飛行経路角 γ(単位：ラジアン)は、次の式で表される。

$$\gamma \cong \frac{(T-D)}{W}$$

ある飛行経路角を釣合い状態で飛行機が定常飛行を行っているとき、エンジン出力を変えずに操縦桿を引いて別の釣合い状態に移行させると、速度が減少して上昇し、逆に操縦桿を押すと、速度は増加して降下する。このようにエレベーターを操舵して釣合い状態を変えたとき、速度減少によって飛行経路角が増大し、速度増加によって飛行経路角が減少する傾向を機体が有していれば、飛行経路安定 Flight path stability があるという。フロントサイドで定常飛行しているときは、エンジン出力を変えずにエレベーターで機首を上げて迎え角を増すと、速度が減少して T_a は T_r（あるいは D）を上回るので飛行経路角は増大し、機首を下げると、速度が増加して T_a は T_r(D) を下回るので飛行経路角は減少するから、飛行経路安定がある。飛行機の持つエネルギーという観点から言えば、速度から成る運動エネルギーを高度から成る位置エネルギーに変換 Energy trade することが可能ということになる。一方、バックサイドで定常飛行しているときに同様にエレベーターで機首を上げると、迎え角が大きくなるときの移行運動によって瞬間的に上昇するものの、結局すぐに速度は減少して T_r(D) は T_a を上回るため、推力不足となって飛行経路角は減少する。すなわち、上昇中ならば推力の余剰分が減るので、上昇角は減少し、降下中ならば T と D の差が負（−）側に大きくなるので、降下角は増大する。水平飛行しているときは、高度を維持しようとして迎え角を増すために操縦桿を引いても D が T を上回り高度は一層下がってしまう。従って、飛行経路不安定であり、飛行機の運動エネルギーから位置エネルギーへの変換は不可能である。以上述べたことは、プロペラ機においても同様である。

2・3　バックサイドでの飛行

　図 2.2 に示されるように、プロペラ機の必要パワー曲線とタービンジェット機の必要推力曲線の違いは、その形状、および曲線上の $1.3V_S$（あるいは $1.23V_{S1g}$）、すなわち参照着陸進入速度 V_{REF} と V_{MP} あるいは V_{MD} との関係である。また、あるエンジン出力にセットすると、フロントサイドとバックサイドの両方で T_a (P_a) と T_r (P_r) が等しくなって二つの異なる速度で定常飛行が可能となることが分かる。プロペラ機では、失速に至るまでのバックサイド領域が狭いため、通常はバックサイドでの飛行は行われず、また、進入・離着陸速度が V_{MP} よりかなり大きいので、飛行中に速度がバックサイドに入る可能性も低い。一方、タービンジェット機では、V_{MD} の方が V_{MP} より大きいため、失速に至るまでのバックサイド領域が広く、また、この速度の近傍における必要推力曲線が比較的平らなため、V_{REF} は速度安定が中立の範囲にある。このため、離着陸時などでは V_{MD} に近い速度で飛行することが多くなるので、この節では、主に推力を用いるタービンジェット機について述べる。

　フロントサイドで飛行するときは、速度および飛行経路安定が確保されるので、飛行経路角、速度および飛行形態に見合う目安の推力にセットしておけば、エンジン計器に多大な注意を払って推力レバー位置を頻繁に調整する必要はない。一方、バックサイドで飛行するときは、上述のように、より大きい速度で飛行するには、より小さい推力が必要となり、より小さい速度で飛行するには、より大きい推力が必要となり、また外乱によって飛行速度が所望の速度から変動した

とき、その誤差が一層大きくなる。従って、飛行速度が所望の速度より減少した場合、この速度に見合う推力への増加に加えて、元の所望の速度に戻すために更に推力を増加させなければならず、反対に飛行速度が所望の速度より増加した場合、この速度に見合う推力への減少に加えて、元の所望の速度に戻すために更に推力を減少させなければならない。また、上述のようにバックサイドにおける飛行では、外乱によって飛行速度が減少して推力不足になり、水平飛行しているときに高度が下がり、元の高度を維持するために操縦桿を引いても、あるいは着陸進入しているときに降下角が増大し、元の適切な進入角 Approach angle に戻すために操縦桿を引いても、フロントサイドにおける飛行とは異なり、速度も飛行経路角も減少し、元の高度や適切な進入角から一層沈下してしまうという結果になる。このような状態になったとき、沈下を止めるには次の二つの方法がある。

①機体を機首下げ姿勢にして迎え角を減少させ、速度をいったん V_{MD} より大きくしてフロントサイド領域に戻してから修正操作を行う。この方法は、位置エネルギーを運動エネルギーに変換することになるので、常に大きな高度の損失を伴う。

②推力を増加させて速度の減少を止め、元の速度に戻し、飛行経路を戻す。この方法では、増加させる推力量は、機体を加速させ、かつ高度を戻すのに十分でなければならず、かなり大きくなる。もし速度がバックサイドの端（失速速度）近傍まで下がっていると T_r は非常に大きくなり、極めて大きな推力が必要となる。

フロントサイドでは、エレベーター操舵による迎え角の変化で生じる移行運動によって飛行経路をコントロールできるかのように感じられるが、バックサイドでは、このような操作は状況を悪化させるので、基本的に、フロントサイド、バックサイド共に飛行経路をコントロールするのは推力、速度をコントロールするのは迎え角とするとよい。

バックサイドでの飛行は、機体のコントロールに重大な困難さと危険な状況を伴うものではないが、パイロットは、推力が速度に対応する T_r に合致するように推力レバーを頻繁に調整する必要があり、注意深く、速度のコントロールを行わなければならない。速度の変動が操縦する上で問題になるほど大きくなる前に、その傾向をとらえ、計算された推力の変更とエレベーターの操舵によって速度および飛行経路角を適正にし、その後、その変更の効果を観察し、必要なら引き続き小さい修正を施す。そして、この過程を繰り返す。以上のような操作を行う必要があり、着氷、乱気流やウィンドシアなどの飛行に障害となるような他の事象が重なると、機体のコントロールが困難になることもある。また、プロペラ機では、この領域での飛行は低速かつ大出力の組み合わせになるため、プロペラ後流やトルクの反作用などのプロペラの回転の影響が強く現れ、安定性や操縦性によくない影響を与えることに注意する必要がある。

（1）旋回 Turn

図2.4は、一定の重量で、水平直線飛行 Straight & level flight しているときと同一の迎え角で旋回したときのバンク角と T_r の関係を示したものであるが、旋回中は、荷重倍数 n（第4章1節参照）が増加するので見かけ上の機体重量が nW に増加するため、バンク角が大きいほど、特に低速度域で抗力 D、すなわち T_r が大きく増加し、また V_{MD} が大きくなる。このため、直線飛行を行っているときには、飛行速

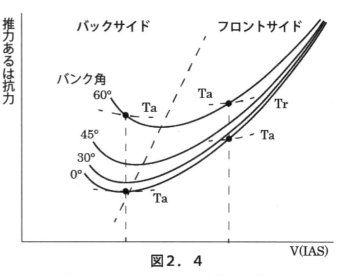

図2．4

度がフロントサイドにあっても、旋回中はバックサイドに入ってしまうこともあり得る。

（2）高高度の飛行

前述のように、高度とともにフロントサイドが狭くなって巡航速度が V_{MD} に近づくため、高高度では、巡航速度からの減速が比較的小さくてもバックサイドに入ってしまうことがある。

（3）空中待機

空中待機 Holding では、燃料消費量をできる限り少なくする方が良く、そのためには滞空時間 Endurance 最大となる速度で飛行すればよい。この速度は、一定の燃料流量（単位時間当り燃料重量）に対する推力が速度によらず一定とすれば、タービンジェット機では V_{MD} であるが、実際には、燃料流量当りの推力は速度とともに減少する。

図2.5は、クリーン形態（フラップおよび着陸装置上げ形態）Clean configuration における燃料流量 W_f と推力の関係および必要推力曲線を表したものである。これで明らかなように、燃料流量最小速度 $V_{FF\text{-}min}$ は V_{MD} よりやや小さい速度となる。

一般に、現用のタービンジェット機では、空中待機速度 Holding speed は $V_{FF\text{-}min}$ 〜 $1.1V_{MD}$ の速度となっているので、速度安定はほぼ中立であり、旋回中はバックサイド速度域に入ることがある。待機経路 Holding pattern における高度間隔は、比較的低高度では 1,000ft しかなく、外乱によって速度が減少して高度が下がると、安全のために定められた下方の他機との高度間隔が失われることに注意しなければならない。特に、旋回中は T_r が増加することにも注意を払う必要がある。

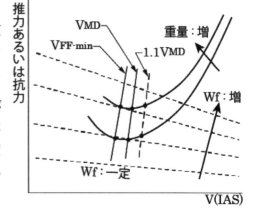

図2．5

（4）進入・着陸 Approach & Landing

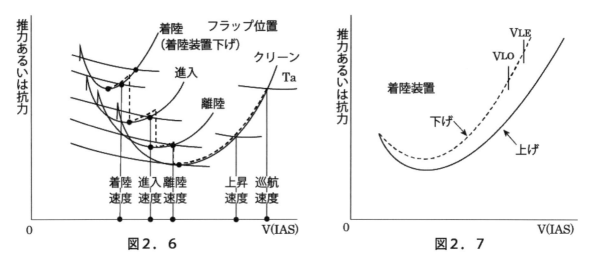

図2.6　　　　　　　　　　　　図2.7

図2.6に示すように、後縁フラップ Trailing edge flap などの高揚力装置 High lift device を作動させると、揚力係数 C_L が増加するだけではなく、失速速度が減少すること、V_{MD} が小さくなるので低速でもフロントサイド領域に入ることなど、操縦性を向上させる効果も大きい。また、図2.7は、着陸装置などの操作による C_{Dp} の変化に対する必要推力曲線の変化を示したものであるが、着陸装置を下げると T_r は増加するものの失速速度はほとんど変化せず、V_{MD} は小さくなるのでバックサイド領域を狭めることができる。

次に、着陸のときにバックサイド領域の速度でフレア Flare を行うことを考えてみよう。飛行機が図2.8のA点で定常飛行しているとき、迎え角を低速のB点に対応する迎え角に増加させても、機体はただちにB点に対応する速度と降下角になるわけではなく、機体の空力特性により異なる移行過程を経てB点に接近する。機体の翼面荷重 Wing lording が小さく揚力曲線勾配 Slope of lift curve（揚力傾斜）が大きければ、A

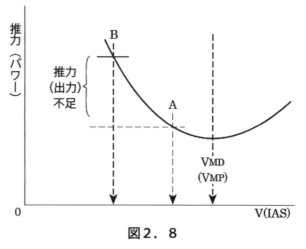

図2.8

点における迎え角の増加はフレアの飛行曲線を描くような移行運動、すなわち、迎え角の増大が、速度が徐々に減少するのに伴う沈みを減少させることとなるから、直線翼の小型軽量機では、あまり問題にはならない。ただし、最終的には、速度はB点の速度に減少し、この速度近辺で接地していないと、降下率が適切な降下率より大きくなることに注意する必要がある。一方、ほとんどのタービンジェット機は後退翼 Swept-back wing を用いており、一般に遷音速機の後退翼は直線翼に比べて誘導抗力係数 C_{Di} が大きくなるので、低速になると速度の減少にともなって誘導抗力が急増し、また揚力曲線勾配が小さい（図2.9参照）。その上、大型ジェット輸送機のように翼面荷重が大きいという空力特性を持つ機体であると、A点で迎え角を増加してもフレアの飛行曲線

を描くような移行運動にならない。すなわち、フレアを開始して機首上げすると、迎え角の増大による揚力係数 C_L の増加はより大きい揚力を生むが、抗力は揚力よりずっと速く大きな率で増加するため、急速に速度が減少し、推力増加なしでは、滑走路に対する通常のフレアの飛行経路にならない程に降下率が増加する。このとき、推力を増加させないと、落着 Hard landing してしまう。従って、うまくフレアするためには、その開始時に定められた着陸速度に安定して維持されていること、およびその速度に見合う推力がセットされていることが重要になる。

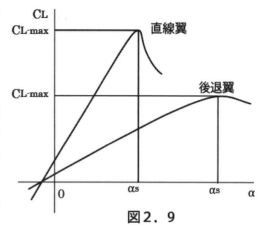

図 2. 9

第3章　着氷

　航行中の飛行機に発生する着氷 Icing とは、飛行機の翼型の前縁、プロペラブレードの前縁、その他の露出面に衝突した雨滴が凍結したものであり、また、このようなことが発生する現象でもある。本書では両方の意味で用いる。

3・1　着氷の気象条件と過程

　着氷は、一般に外気温が約 0℃～－40℃ で、雲や霧のなか、降雨・降雪域を飛行しているときに発生するが、高温多湿の暖気により急激に発達した積雲系の雲中および周辺では－40℃ より低い温度でも着氷することがある。雲や霧の粒は直径が 10～50μm(1μm＝1/1000mm)程度の微小な水滴であり、このように小さな水滴は一般に 0℃ 以下の温度でも凍結しない。このような微小な水滴が凍らずに液体で空中に浮遊している状態を過冷却状態といい、この水滴を過冷却水滴 Super cooled droplet という。過冷却水滴は、0℃ 以下に冷えた物体に衝突すると、凍るきっかけができるので瞬間的に凍る。

　雪は、機体に衝突してもそのままでは着氷しないが、機体の高温部でいったん融けて流れ、低温部で凍って氷が形成されることがある。また、積乱雲周辺の高高度で見られる小麦粉程度の大きさの小さな氷の結晶（氷晶 Ice crystal）によってタービンエンジンに着氷することがある。

　機体に衝突した過冷却水滴はその温度が上がること、および機体に付着した水が大気中に蒸発することから機体の熱が奪われるため、特に雲中では機体の温度は全温度 Total Air Temperature：TAT の値より低くなる。例えば、よどみ点（岐点）Stagnation point では圧力と温度が上昇するため氷が付着することがなくても、翼面上を流れた水がよどみ点より温度が低い所で凍結して着氷することがある。このため、よどみ点の温度に近い全温度 TAT の指示が 0℃ を超えていても着氷が起こる可能性がある。

　大きな水滴は慣性が大きく、機体周りの気流の影響を受けにくいので、小さい水滴より機体表面に対して大きな害を及ぼす。強い着氷の原因となる比較的大きな水滴は、－15℃ より低い温度になると過冷却液体状態から凝固してしまうので、強い着氷は気温 0℃～－15℃ で比較的大きな過冷却水滴が存在する積乱雲状の雲で発生し、特にその雲頂では水滴の量が多く、また大きい過冷却水滴が存在することがある。タービンジェット機のような高速機が高速で飛行中は、空気の圧縮と摩擦の影響で機体の温度は外気温より高くなる。飛行速度を V(TAS)とすると、翼のよどみ点の上昇温度量 ΔT は、概略

$$\Delta T = 1.15 \times (V/100)^2$$

で示されるので、飛行速度が 360kt(TAS) 程度になると機体の温度は外気温より 15℃ 高くなり、この速度より大きい速度ならば、強い着氷が起きる外気温領域でも機体の温度は 0℃ 以上となるので、この温度領域からはずれる。従って、高速機では、強い着氷が起こる可能性が高くなるのは、比較的低速で飛行する低高度および地上となる。

物体に衝突して付着する水滴の量は、物体の各部の曲率半径が小さいほど、水滴半径が大きいほど、また物体に対する衝突速度が大きいほど多くなることが実験によって知られている。このため、通常、翼型の前縁部付近から着氷し始めるので、パイロットは主翼の前縁部を観察すれば、着氷の徴候を知ることができる。また、見える範囲内の機体の小さな突起物のような部分を観察することによっても知ることができる。操縦席から主翼が見えない後退翼機では、機体の先端である風防ガラス Windshield / Window の端の部分（4節2項（4）参照）に注意していれば、着氷の徴候を知ることができる。

計器飛行方式での飛行に関する法的認証を得た機体でも着氷状態 Icing condition における飛行が認証を得ているとは限らないので、その機体の飛行規程 AFM あるいは POH で確認する必要がある。また、着氷状態での飛行が認証された機体でも、直径が通常の雲や霧の粒の数倍～数十倍になる非常に大きい過冷却水滴 SLD：Super cooled Large Droplet が存在する雲や雨のなかを飛行すると、装備された防除氷系統 Ice protection system の能力を越え、着氷が起きることがある。例えば、着氷性の雨 Freezing rain は、着氷状態における飛行の認証を取得するときに使われる水滴よりもずっと大きい過冷却水滴なので、防除氷系統を作動させても除氷範囲の後方で着氷する可能性がある。

3・2　着氷の種類

着氷は、水分の量、水滴の大きさ、衝突速度（地上なら風速、空中なら飛行速度）、外気温度の影響により氷結過程が異なるため、図3.1に示すような形状となり、次のように分類される。

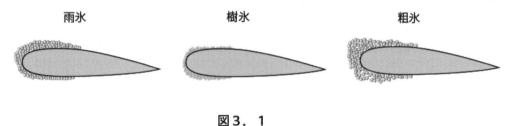

図3．1

①雨氷 Clear ice、Glaze ice

　過冷却水滴が比較的ゆっくり凍結して形成されるので、密度が高く、硬く剥れにくく、滑らかで光沢があり、透明な氷になるため、外部から発見されにくい。水滴が大きく、水分量も多く、比較的温度が高く（0～－10℃程度）、衝突速度が大きいときに発生しやすい。雨氷の付着が大きくなると、図3.2のように先端が角張った形になることがある。これは、温度が比較的高いので過冷却水滴はすぐには凍結せず、また水滴が大きいので慣性が大きいため、液状のまま上下に分かれて流れた後に凍結するからである。

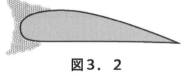

図3．2

②樹氷 Rime ice

　過冷却水滴が機体に衝突した瞬間に凍結して形成されるので氷のなかに空気が混じるため、表面はあらく乳白色で不透明な氷になり、密度は低く、もろく剥れやすい。水滴が小さく、水分量

は少なく、温度は－5〜－20°C程度で、衝突速度が小さいときに発生しやすい。

③粗氷 Mixed ice

雨氷と樹氷が混合した形態の氷で、透明な層と空気を含んだ不透明な層が交互に重なった構造になっており、比較的硬い。

④樹霜 Frost

上記①〜③のように水滴から生成されるものではなく、地上に降りる霜と同様に、温かい空気が冷たい機体の表面に触れて空気に含まれる水蒸気が直接固体に昇華して生じる。

3・3 機体の飛行特性に対する影響と対処

1．翼型

着氷が起きると、翼型 Airfoil の形状が変化し、図3.3に示すように揚力係数 C_L に影響する。巡航中のようにかなり小さな迎え角のときは C_L に与える影響は僅かであるが、氷の形状が大きいと、特に図3.2の角張った形状の雨氷では、小さな迎え角でも C_L は低下し、最大揚力係数 C_{L-max} は大きく低下する。また、失速角 Stalling angle：α_s も小さくなる。図3.4に示すように、翼型の前縁部に着氷すると、それが薄くても翼弦全体にわたって流れの滑らかさが失われるので、C_{L-max} は大きく低下し、さらに厚くなると、また氷の表面が粗くなると一層低下する。また、除氷装置 Deicing system によって溶かされた氷が除氷範囲の後方で再び結氷（ランバックアイス Runback ice という）し、その部分の C_L が大きく減少するこ

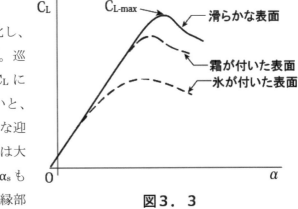

図3．3

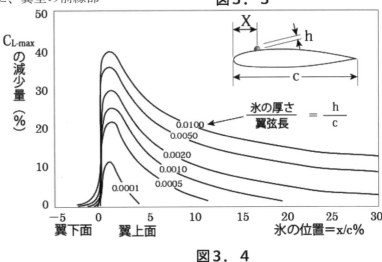

図3．4

ともある。抗力係数 C_D は、翼表面の滑らかさが失われるので、図3.5に示すように、非常に小さな迎え角 α でも増加し、迎え角が増加するにつれ急増する。

実際の飛行や実験による様々なデータがあるが、C_{L-max} の減少量は30％程度、C_D の増加量は100％程度になることもまれではない。

樹霜は翼表面を粗くするので、C_{L-max} を低下させ、C_D を増大させるが、その影響は比較的小さく、普通、その層は薄いので外気温度が0°C

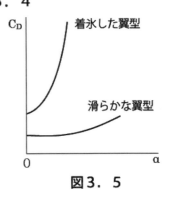

図3．5

以上になると、蒸発、溶融する。

２．主翼

着氷は、主翼スパン Wing span 全体にわたって上記１項で述べたような影響を与える。この $C_{L\text{-}max}$ の減少に加えて機体重量も増加するため、失速速度は増大する。おおむね、$C_{L\text{-}max}$ が30%減少すると失速速度は15%程度増加する。この結果、比較的小さい迎え角でバフェット Buffet が生じ、失速警報が発せられる前に失速に至ることがある。特に、スラット Slat などの前縁高揚力装置 Leading edge device を装備していない機体は、この傾向が著しい。従って、巡航中は大きな影響を感じなくても、着陸・進入するために速度を減少させて迎え角を大きくしたときは、失速に入らないように注意しなければならない。

主翼および機体のその他の部分の着氷による C_D の増加と機体重量の増加によって加速力が減少するため、離陸距離は長くなり、必要推力（必要パワー）も増大するので余剰推力（余剰パワー）は減少するため、全般に飛行性能は低下する。特に上昇性能の低下が著しいので、着陸復行は避けるべきであるが、避けられない場合は、通常の進入より早い段階でその判断と操作を行う必要がある。また、すべての飛行段階において燃料消費量は増加する。

一般に主翼の翼厚は、翼端部が翼の他の部分に比べ薄くなっているので着氷しやすく、また翼弦長が短いので同じ厚さの氷でも $C_{L\text{-}max}$ に対する影響が大きい（下記３項参照）ため、迎え角が大きくなったときに翼端で部分的に剥離が生じ、後縁部のエルロンの効きが減少することがある。またエルロン上面の剥離域が大きくなると、ヒンジモーメントの逆転 Hinge moment reversal が生じて上げ舵方向にエルロンをとられてしまい（**図 3.8** の上下反転の状態で Aileron hinge reversal という）、想定外の大きな横揺れ Roll を招くこともある。この現象をロールアップセット Roll upset （第８章参照）という。特に、大きい過冷却水滴が存在する領域を飛行すると、防除氷系統の作動によって氷が付着しない部分より後方部で着氷し、このような状態になることがある。

主翼に着氷したとき、あるいはその恐れがあるときは、必要なら推力（パワー）を増加させて飛行形態に応じた速度より大きい速度を維持し、速度が低下して大きな迎え角となる事態を避ける。着陸・進入時も定められた速度より大きい速度で進入するとよいが、着陸距離が長くなることに注意しなければならない。

主翼に着氷があると、機体の失速特性は著しく悪化し、飛行訓練で経験する着氷がないときの失速とはしばしば大きく異なる。着氷があるときに失速すると、飛行訓練での回復操作に比べ、はるかに積極的な機首下げ操作を要することがあり、また左右の翼に不均等に着氷すると、機体が横揺れし、翼端部の着氷によりエルロンの効きが低下しているため、それに対する操縦に深刻な問題を生じることもある。

主翼に付着していた氷が剥れて、尾翼に損傷を与えたり、タービンエンジンを胴体後部に取り付けた機体では、エンジン内部に吸い込まれ、エンジン不調、停止あるいは損傷に至ることがある。

３．水平尾翼

水平尾翼 Horizontal tail は、主翼より翼厚が薄いので、主翼より着氷が起こりやすく、また翼弦長が短い尾翼では、同じ厚さの氷でも主翼に比べ $C_{L\text{-}max}$ と C_D に対する影響が大きいことが.実験に

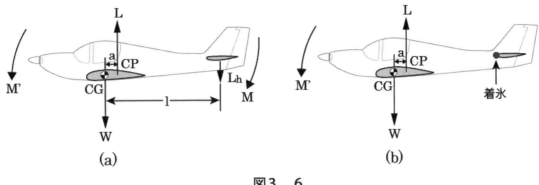

図3．6

よって知られている。通常、機体の横軸回りのモーメントは、図3.6(a)のように水平尾翼に下向きの揚力が作用し、主翼による機首下げモーメント M' に対して機首上げモーメント M を発生することで釣り合っている。水平安定板の取付角が固定されている固定式水平尾翼に着氷が生じると、負の失速角 $α_s$（の絶対値）が減少する（$α_s$ が原点 0 の方向に移動する（図3.7参照））。このときに、フラップ角の増加などで吹き下ろし角が大きくなると、迎え角は負の方向に大きくなるので負の失速角を越えてしまい、着氷による水平尾翼の失速 Ice contaminated tailplane stall（以下、尾翼失速という）を起こすことがある。尾翼失速になると、図3.8のように水平尾翼の下面に大きな剥離域が生じ、ヒンジモーメントの逆転が生じて舵（エレベーター）をとられてしまい、パイロットの意図に関わらず操縦桿が機首下げ方向にストッパーまで押されてしまう現象が起きる。そのため、図 3.6(b)のように水平尾翼による機首上げモーメント M が失われるから機体は M' によって大きな機首下げ姿勢になるが、エレベーターを操舵できず、操舵できてもその効きは水平尾翼が失速しているため失われるので、姿勢を戻すことはできない。このような状況になったとき、エンジン出力を増加させたり、速度を増加させる

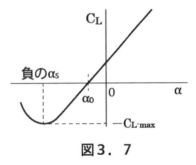

図3．7

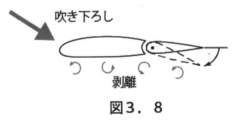

図3．8

と吹き下ろし角が増加するので、主翼が失速した場合とは異なり、この状態は一層悪化する。従って、有効な回復操作は、直ちにこのような状態になる前のフラップ角に戻し、エンジン出力を維持あるいは減少させ、そのフラップ角に対応する適切な速度にした後、エンジン出力を調整しながら機首下げ姿勢を修正することである。フラップを下げる前には機体の振動やバフェットがなかったのにもかかわらず、展開後、振動やバフェットが生じたときは尾翼失速の初期段階と考えられるので、これを避けるため、フラップを上げ位置あるいは着陸位置以外の位置で進入・着陸することも考慮する必要がある。

着氷による主翼の失速と尾翼の失速からの回復操作では逆操作になっている個所があるので、このどちらなのかを識別することが非常に重要である。また、防除氷系統が不作動時などのように主翼と尾翼の両方に着氷した場合、フラップを展開させることは、迎え角を減らし、失速速度を減少さ

せるので主翼の着氷には有効であるが、尾翼の着氷には尾翼失速に至る可能性を高めることになる。従って、進入・着陸するときのフラップ位置と速度については慎重に判断し、決定する必要がある。

4．操縦舵面

操縦舵面 Control surfaces に着氷があると、その舵面の効きは低下し、氷が付着している個所によっては、可動範囲が制限される。また、舵面のバランスが崩れ、フラッター Flutter が生じて舵面を破損させることがあり、操縦舵面は、下面であっても霜や氷の付着は許容されない。操縦系統が人力式の機体では、着氷により操縦桿が振動することがあり、このときは速度を多少減らすとよいが、速度を減らすのは主翼に着氷があるときの操作とは反対であるので、どちらかを識別した後に操作しなければならない。

5．プロペラ

プロペラ Propeller のブレード Blade は翼型であるから着氷による空力的な影響は上記 1 項と同様であり、プロペラでは推力が減少し、ブレードの抵抗が増加する。このため、飛行速度は減少する。また、氷は必ずしも一様に付着しないのでブレード間に不釣り合いが生じ、振動を起こすことがあり、ブレード面に付着した氷が遠心力で飛ばされると、胴体や尾翼に当たって損傷させることもある。氷は、プロペラの回転による遠心力が大きいブレード先端部よりスピナー Spinner やブレード内径部に多く付着する。

定速プロペラ Constant-speed propeller では、着氷によってブレードの抵抗が増すため制動力 Torque が増大するので、ブレード角は減少して（低ピッチになって）、回転数は保たれる。このため、エンジンの回転計には変化が表れない。

6．エンジン

レシプロエンジン Reciprocating engine の燃焼用空気取り入れ口 Air intake やフィルター、吸気ダクト Intake duct の屈曲部などでは水滴が衝突することによって着氷が起きる。また、ベンチュリ Venturi 部では、吸引効果により吸入空気の流速が大きくなるため、さらに気化器 Carburetor によって燃料混合を行うタイプでは燃料の気化により熱が奪われるので温度が下がるため、外気温が +20℃程度あっても着氷が生じることがあり、特に気化器で発生しやすい。着氷が生じると、吸気通路が狭くなって吸気圧力 Manifold pressure は減少するためエンジン出力は減少する。気化器に着氷が生じると、混合気の調整が不能となって出力の調節ができなくなる。また、スロットルバルブ Throttle valve の動きが制限されて出力の調節が困難になることもある。

ガスタービンエンジン Gas turbine engine では、空気取り入れダクト Inlet duct から吸入された空気が、吸引効果によって圧力が下がって温度が低下するため、全温度 TAT が +10℃程度で、機体の他の部分にその兆候がなくても空気取り入れ口部 Air inlet で着氷が発生することがある。吸入ダクトで着氷が発生すると、吸入空気量が制限されるため、また吸入空気の流れに乱れが生じて圧縮機 Compressor の効率が低下するため、推力が減少する。ターボファンエンジン Turbofan engine では、ファン Fan に着氷することがあり、これにより推力は減少する。

氷晶は固体なので吸入ダクトやエンジンに付着することはないが、外気とともにエンジンに吸い込まれて比較的温度が高いエンジンコア Core 入口部（低圧圧縮機付近）で解けて水膜を形成

し、この時近傍の温度が下がり、あとから吸い込まれた氷晶を捕捉して堆積し、着氷が生じることがある。この付着した氷が内部の高温部で加熱されて気化し、圧力が上昇するため圧縮機のサージ Surge に至り、推力喪失 Thrust loss やエンジン停止 Engine failure となることがある（5節参照）。

　タービンエンジンで、その推力の指示計器として EPR : Engine Pressure Ratio を用いている機体がある。EPR とは、タービン出口の全圧 Total pressure P_{t7} と圧縮機入口の全圧 P_{t2} の比：P_{t7} / P_{t2} であり、通常、P_{t2} 受感部 P_{t2} probe は、空気取り入れ口付近に取り付けられているので着氷しやすい。この個所に着氷が生じて閉塞すると、EPR 計の指示は不正確となり、実際の推力との間に違いが生じる。特に、離陸時やゴーアラウンド（着陸復行）時にこのような状態になると、実際の推力は EPR 計の指示に基づいて設定した離陸・ゴーアラウンド推力より小さくなるので、深刻な問題となる。従って、この状況を避けるため、低圧圧縮機 Low pressure compressor の回転計 N_1 indicator の、離陸・ゴーアラウンド推力時の値を予め求めておき、離陸滑走中の対気速度と滑走開始からの経過時間を照合して機体の加速に疑問が生じた場合は、EPR に加えて回転数も参照して推力を調節すべきである。

7．ピトー・静圧系統、失速警報装置

　ピトー・静圧系統 Pitot-Static system（第7章1節参照）のピトー管 Pitot tube あるいは静圧孔 Static port に着氷があって閉塞すると、対気速度計 Airspeed indicator、気圧高度計 Altitude indicator、昇降計 Vertical speed indicator の指示が不正確になる。静圧を供給するために代替静圧系統 Alternate static system が装備されている機体では、静圧孔が閉塞したときには代替静圧系統に切り替えればよい。高性能機では、ピトー・静圧系統は複数装備されているので、閉塞が疑われるときは異なる系統に切り替えればよい。このような処置にもかかわらず、これらの計器の指示に疑問が生じたときの対処は、第7章を参照されたい。

　失速警報装置 Stall warning system のベーン Vane などの受感部に着氷があると、警報装置は正常に作動しない。また、失速警報装置が正常な状態であっても、主翼の失速角は減少しているため、迎え角が大きくなると、警報が発せられる前に機体が失速する可能性がある。

3・4　防除氷

　防氷 Anti-Icing は、過冷却水滴などが物体に衝突して凍結する前に取り除くことであり、除氷 De-icing は、凍結し付着した氷を取り除くことである。

1．出発前

　着氷を防止するため、出発前に防除氷液 De / Anti-icing fluid を用いて機体に防除雪氷作業が行われる。防除氷液には、その種類により散布開始後から離陸までの有効時間 Holdover time があり、これを過ぎても離陸できなかった場合、いったん戻って再び防除雪氷作業を行わなければならない。防除氷液は種類ごとに規定された使用可能温度範囲を守って使用されていれば、離陸時までには翼面から流れ落ちるが、それが守られていないと、離陸から初期上昇の間、翼面に多少残り、その量は気温が低いほど多くなる。この残った防除氷液は、あまり大きな量ではないとはいえ、一時的に揚力

を減少させ、抗力を増加させる。このとき揚力の減少あるいは抗力の増加を伴う他の事象が生じれば、離陸・上昇性能は一層悪化することになるので、出発前に使用された防除氷液の使用可能温度範囲が守られていることを確認する必要がある。

2．運航中
（1）翼

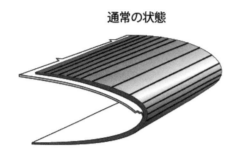
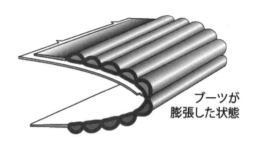

図3.9

プロペラ機では、翼の除氷装置として主翼、水平尾翼、垂直尾翼の前縁に圧縮空気を用いる図3.9のようなゴム製の除氷ブーツ Pneumatic boot が装備されている機体が多い。除氷ブーツは、通常はブーツ内の空気は抜かれているので、翼表面は平滑に保たれているため翼周りの流れを乱すことはなく、除氷装置を作動させると、レシプロ機ではエンジン駆動のポンプから圧縮空気が、ターボプロップ機ではエンジンからの抽出空気 Bleed air が供給されてブーツが膨張し、付着した氷を割って脱落させる。除氷ブーツの種類によっては、多少の氷が形成されてから作動させないと、膨張したブーツの形に変形する薄く柔らかい氷が、ブーツが収縮している間もつぶれずに残り、それが橋の形をした厚く硬い氷に成長する結果、ブーツを作動させても効果がなくなってしまうブリッジング Bridging と呼ばれる現象が起きることがある。一方、翼の前縁に 1/2 インチ程度の氷が付着すると、機体の性能、安定性、操縦性に深刻な影響を与えることが知られているので、除氷ブーツを作動させる時期については AFM あるいは POH にしたがって慎重に判断しなければならない。なお、最近のブーツでは、多少の氷が残るものの、このような現象は起きなくなっている。また、機体に着氷がない状態でも、ブーツを膨張させると翼型が変形するので $C_{L\text{-}max}$ が減少するため、失速速度は増加する。除氷ブーツは、氷が付着した状態で極度に気温が低下すると作動不能となるため、ある温度以下での使用が禁止される。従って、使用が禁止されるような低温の着氷状態のなかを飛行することは避けなければならない。

ほとんどのタービンジェット機では、エンジン圧縮機からの抽出空気を用いる翼用防除氷装置 Wing de-ice system を翼の前縁に装備している。この装置を作動させると、翼の前縁に配管された多数の小さな穴のあいた管にエンジンから高温の抽出空気が供給され、それが内部で噴き出して前縁は高温になる。従って、この装置は除氷だけでなく防氷にも使用できる。なお、翼の前縁

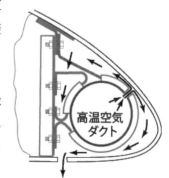

図3.10

高揚力装置を展開しているときは、装置を作動させても効果が得られない機体が多い。この装置が作動している間、エンジンの圧縮機の途中から高圧・高温の空気が抜き出されるため、エンジンの推力は低減するので、飛行性能は低下する。特に上昇性能が著しい。強い着氷状態のなかを降下するとき、低推力による抽出空気温度の低下を避けるために、必要ならスピードブレーキ Speed brake などで抗力を増加させ、推力をアイドル Idle まで減らさず多少残して飛行することを考慮する。

ジェット旅客機は、一部を除いて尾翼に防除氷装置を装備していない。それは、これら機体の水平安定板の翼厚が比較的厚く、また飛行中に取付角を調節できる可動式水平尾翼を装備しているので、氷が付着していても、運航中に水平尾翼が失速に至るような極端な角度にならないことが試験で解析・実証されているからである。

（2）プロペラ

プロペラ用防除氷装置として化学液体を用いるもの、電気ヒーターあるいは高温空気による熱を用いたものなどがある。化学液体式は、イソプロピルアルコールなどの凝結温度が低い液体をプロペラ表面に流して膜を作って表面の凍結温度を下げ、また氷が固着しないように表面の摩擦係数を低下させることで着氷を防ぐ方式である。防除氷液は、遠心力によってブレード付け根から前縁に噴き出し、さらに先端へ流れる。電気ヒーター式は、ブレード前縁の内部に取り付けられたヒーター、あるいは前縁外部に取り付けられたブーツのなかに埋め込まれたヒーターを機体の電源系統から供給される電流で発熱させることで着氷を防ぐ方式である。この方式では、発電機の過負荷を避けるために、例えば小型双発機ではタイマーにより片方のプロペラから他方のプロペラへ交互に切り換わるように作動するものが多い。高温空気式は、エンジンの排気熱交換器からの高温空気やタービンエンジンの圧縮機からの抽出空気などを中空構造のブレード内部に供給し、加熱して着氷を防ぐ方式である。

（3）エンジン

レシプロエンジンには燃焼用空気取り入れ口やフィルターが着氷により閉塞した場合、エンジンカウリング Cowling 内にあるドアが自動あるいは手動で開き、カウリング内の空気をエンジンに供給する代替空気系統 Alternate air system が装備されている。この系統が作動すると、エンジンに供給される空気は温度が高くなるので密度が小さくなり、吸入空気重量が減るため、出力は減少する。気化器には　排気熱交換器から供給される高温空気を使用して氷を除去するキャブヒート Carburetor heat が装備されている。キャブヒートを作動させると、吸気温度が高くなるため、デトネーション Detonation を起こしやすくなるほか、吸入空気密度が低下するため出力が低下するので、AFM あるいは POH にしたがって作動させなければならない。また、カウルフラップ Cowl flap を閉じれば、気化器を含む吸気系統の着氷を除去するのに有効である。

タービンエンジンでは、空気取り入れ口部の着氷を防ぐために、翼の防除氷装置と同様に圧縮機からの高温の抽出空気を取り入れ口内部に流入させるナセル防除氷装置 Nacelle anti-ice が装備される。この装置を作動させると、翼の場合と同様に推力は低減するので、これを避けるため抽出空気ではなく電気ヒーターを用いる機種もある。なお、氷晶は固体であるため、防除氷装置に

着氷検知系統 Ice detection system が装備されていても、センサーでは感知できないので着氷を検知できないことに注意する必要がある。

EPR 計の P_{t2} 受感部は、ナセル防除氷装置を作動させると同時に抽出空気によって、あるいは電気ヒーターによって加熱される。

（４）風防ガラス

風防ガラスに着氷すると、操縦室から外部の視界が妨げられるので、低亜音速機では、一般に、風防ガラスの表面に部分的に取り付けられた透明な板を電気で加熱し、その部分から視界が得られるようにする装置や風防ガラスの下部に取り付けられた管から表面に防除氷液を噴き出す装置を装備している。

高性能機では、風防ガラスは衝撃および与圧荷重に対する強度を保持するため、複数枚のガラスとプラスティック板が積層され、その間に電気で加熱されるフィルムが挟まれている構造となっており、このフィルムに通電するとヒーターとして作動する。飛行中、このヒーターは常時作動しているので、着氷は加熱が弱い端の部分に生じる。

（５）ピトー・静圧系統、失速警報装置

ピトー管、静圧孔、失速警報装置のベーンなどは、一般に、電気ヒーターによって加熱される。これらの電気ヒーターは、防氷装置なので着氷が生じる前から作動させるべきである。

３．まとめ

法規でも定められているとおり、航空機の翼、舵面、プロペラまたはエンジンの空気取り入れ口などに、霜、雪または氷が付着している場合、離陸してはならない。

AFM あるいは POH によって飛行が認証された着氷状態を超える強い着氷状態のなかを飛行することは非常に危険である。

強い着氷に遭遇した、あるいはその恐れがあるときは、方位、高度あるいは両方を変えて、凍結温度より高い空域へ飛行する、着氷が起きにくい温かい気層まで高度を下げる、地表の障害物などのため高度が下げられないときは、気温が現在の高度の気温より十分に低くなる高度まで上昇することが有効である。

横の操縦に異常が生じたら、迎え角を小さくするため、速度を上げるか、あるいはフラップを展開し、旋回中ならば機体を水平姿勢に戻す。フラップ下げの状態ならば、主翼に着氷がないことを確認した後でなければ、上げてはならない。

主翼が着氷した場合および水平尾翼が着氷した場合の双方を考慮すると、フラップ角の変更などで飛行形態を変化させた際に、振動、バフェットや機体の姿勢の異常な変化を感じたときは、まず最初に変化させる前の飛行形態に戻し、元の飛行状態にした上で対処するのがよい。

３・５　豪雨、雹の中の飛行

豪雨 Heavy rain および雹 Hail は着氷の直接の原因ではないが、着氷の要因となる同じ降水現象であるから、ここで取り上げる。

第3章 着氷

　1970 年代後半、雨滴の付着による重量増加、雨滴衝突による機体の運動量損失、雨滴により主翼の前縁および表面が粗い面になることが原因で、豪雨が航空機の性能に悪影響を与えるという研究報告があり、このなかでも特に主翼の前縁および表面の粗面化によって、500mm/hr 程度の降雨があると、揚力係数が減少して失速速度がかなり増加するという数値計算結果が示されたが、これ程の激しい雨はほとんど存在しないし、また存在したとしても、このような雨を伴う気象状態のなかを実際に飛行する可能性は極めて低いことから、現在では、その危険性を考慮する必要はないとされている。つまり、予想される最大限の降雨中においても機体の空力特性に重大な変化はないということである。

　雹（ひょう）は、雷雲 Thunder storm の中のどの高さにも存在し、かなとこ雲 Anvil の下の雷雲の外でも発見されることがあり（図 5.2 参照）、遭遇しても空力特性に影響を与えることはないが、機体やタービンジェットエンジンに損傷を与え、その粒子が大きいと、機首部（特にレーダーを覆うカバー：レドーム RADOME）、風防ガラス、主翼および尾翼前縁、プラスティック製や繊維強化プラスティック FRP などの複合材製の部品などが大きな損傷を受けることがあり、また、エンジンに吸い込まれると、ファン Fan や圧縮機のブレード Compressor blade などが損傷し、エンジン停止 Engine failure に至ることがある。

　タービンジェットエンジンでは、エンジンに吸い込まれた大量の水や雹（ひょう）が内部の高温部で加熱されて気化して圧力が上昇するため、エンジンを通過する空気の速度が減少し、圧縮機のブレードの迎え角が大きくなり失速 Compressor stall してしまい、サージに至り、推力喪失 Thrust loss やエンジン停止となることがある。サージは、複数の段の圧縮機のブレードが失速し、そのため圧縮過程の全体が損なわれ、振動する状態であり、推力レバーを引いて推力を減らすことで大きな推力減少を防ぐことができる。また、エンジンの回転数を上げると、ファンの遠心力により雨や雹（ひょう）が外側に流されてファン出口から吐き出されるため、エンジンのコア Core 部分に入る量を減らすことができる。従って、降下時など小推力の状態のとき、推力をアイドル Idle まで減らさず多少残しておくと、サージに対する余裕が増加し、推力喪失などの可能性を減らすことができる。

　豪雨や雹（ひょう）に遭遇したとき、飛行速度を減速することで吸入する水分を減らすことができるので、その悪影響を低減するのに有効である。

3・6　事例

1）フロリダ航空 B737-200（ワシントン DC ワシントン・ナショナル空港　1982 年 1 月 13 日）

　　同機は、氷点下の降雪のなかを離陸したところ、数百フィート浮上した後に失速し、空港付近のポトマック川にかかる橋に墜落した。米国交通安全委員会 NTSB の報告によると、機体には出発前に除雪・防氷作業が行われたが、不十分であり、また離陸まで 1 時間ほど経過したので、防除氷液の効果が低下していたが、運航乗務員は、一度も主翼およびエンジンの防除氷装置を作動させなかった。B737 には、翼前縁に僅かな着氷がある場合でも機首上げが大きくなる飛行特性がある。このため、主翼を含む機体全体に着氷が発生して失速したこと、EPR 計の P_{t2} 受感部が着氷し、実際の推力が、離陸推力として EPR 計の指示によって設定されたものよりかな

り低かった上に、エンジン空気取り入れ口部に着氷が発生して推力自体も低下していたことが原因で事故に至ったものと推定された。事故後の研究の結果、EPR 計の指示に関わらず推力レバーを最前方まで進め、同時に機体を機首下げ姿勢にすれば安全な状態に回復できたであろうと結論されている。

2）ライアン航空 DC9-10（クリーブランド ホプキンズ国際空港　1991 年 2 月 17 日）

　同機は、クリーブランドでの 35 分の地上滞在のあと、弱い降雪のなかを離陸浮揚直後、左右に大きく 90°近くロール（横揺れ）しながら墜落した。NTSB の報告によると、降っていた雪は乾いた雪だったので、そのままでは着氷は生じなかった。しかし、クリーブランドへの降下中に樹氷が付着したので、主翼の防除氷装置を使用したため、このとき解けた氷が地上滞在中に降雪とともに主翼上面で再凍結していたものと推定された。運航乗務員による客室からの翼上面の点検は行われなかったが、着氷は透明であったため点検をしても発見できなかったと思われた。離陸操作は正常であったが、浮揚後、地面効果 Ground effect が失われたときに失速し、そのためエンジン流入空気の流れに乱れが生じて圧縮機がサージを起こした。同時に翼の揚力が非対称となったため、激しく横揺れし機体を制御できず、事故に至ったものと推定された。また、DC9-10 は他の DC9 シリーズとは異なり、前縁スラットを装備していないため、僅かな着氷でも失速に関する空力性能が大きく低下することも要因であった。

3）B747-200（出発地 福岡空港 1983 年 12 月）

　当日は外気温 4℃ で、当初、降水はなかったが、乗客の搭乗開始の頃からやや強いみぞれが降り始め、20 分後に出発するときには強い降雪となった。先行機が多かったため、離陸したのは出発後 20 分ほど経過した後となったが、この間、主翼およびエンジンの防除氷系統を作動させていた。離陸時には、天候は雷を伴うあられに変化し、外気温は 1℃ に下がった。離陸、上昇初期とも特に異常は感じなかったが、高度 20,000ft を越えたぐらいから上昇率が著しく低下したので、客室から主翼の点検を行ったところ、前縁を除く他の部分に着氷を認めた。着陸後の点検で、全スパンにわたって主翼上面後縁部に、また水平尾翼の中央部から後縁部にかけて着氷が認められた。これらの着氷は、強い降雪のなかを離陸待機している間に降り積もった雪が吹き飛ばされず、一部が付着したままになったものと推定された。飛行データ記録装置 Flight Data Recorder：FDR の解析の結果、抗力については、離陸直後 約 30%増大で上昇勾配は 1.5%低下、上昇中 約 50%増大、巡航時 約 30%増大となり、燃料消費量は飛行計画より 24%ほど増加した。

4）アメリカンイーグル航空 ATR-72（インディアナ州ローズローン 1994 年 10 月 31 日）

　同機は、目的地であるシカゴオヘア空港の近くで、認証取得試験時のものよりもずっと大きい過冷却水滴を含む過冷却の雲のなかを 30 分以上に及ぶ空中待機 Holding 中、8,000ft へ降下開始時に墜落した。NTSB の報告によると、空中待機に入る前から自動操縦装置 Autopilot が使用された状態で、エンジンの出力を AFM の着氷状態における飛行で定められた値まで増加させていたが、待機開始後、出力を減少させフラップを進入位置まで下げたので、機体の迎え角は小さくなった。その後、待機している間に着氷が生じ、除氷ブーツの後方とエルロンの前方

に氷がうね状に固着していた。ここで、8,000ft に降下するためにフラップを上げたため迎え角が増加し、右のエルロン付近の気流が剥離し始め、さらに剥離域が大きくなって、上げ舵方向にエルロンをとられてしまい、右に大きくロールした。このため、自動操縦装置は、その機体コントロール能力を超えてしまったので、自動的に解除された。パイロットは、大きな横揺れ姿勢の回復を試みたが、成功せず、非常に大きな降下率のまま墜落したものである。

5）パイパー PA34-200T セネカ（アイオワ州デモイン 1996 年 1 月 9 日）

同機は、フラップを 10°下した形態でデモイン空港に ILS 進入を行っていた。この間、雲が切れたときに懐中電灯を使って風防ガラスと左主翼の目視点検を行ったが、着氷は認められなかったので、進入を継続し、滑走路末端を通過するとき、フラップを 25°まで下げるためにフラップレバーを操作したところ、機体は機首下げ姿勢になってしまった。そこで、ただちにレバーから手を放してエンジン出力を増加させたが効果がないと感じられたので、出力を絞り、フラップを下げた。機体は激しく接地し、その後、滑走路上を 1,000ft ほど滑って停止した。大破した機体の検査の結果、4cm ほどの樹氷が左右の水平尾翼の前縁および垂直尾翼の前縁に固着していた。なお当日は、空港付近の高度 2,500ft～3,700ft で、セスナ 210 の機体に雨氷と樹氷が混合した着氷が発生したとの報告もあった。NTSB は、パイロットが除氷装置を作動させなかった結果、機体尾部に着氷し、尾翼失速を起こしたことが事故原因であると推定している。

6）TACA 国際航空 B737-300（ルイジアナ州ニューオーリンズ 1988 年 5 月 24 日）

同機は、フライトレベル FL350 から降下中、着氷が認められたので、エンジンの防除氷装置を作動させて飛行していた。このとき、稲妻を伴う雹混じりの豪雨と強い乱気流に遭遇し、高度 16,500ft で両エンジンがフレームアウト（エンジン燃焼室内の火が消えてしまいエンジンが停止すること（第 4 章 7 節参照））した。また、対気速度(IAS) 267kt、全温度 TAT －29℃であった。エンジン再始動を試みたが、成功せず、滑空して草地に不時着した。着陸の際には、機体に損傷は生じなかったが、水平安定板の前縁に雹による凹みがあり、またレドームの塗料が剥がれ、最大 3cm 程度のくぼみができていた。

第4章　乱気流

　航空機に揺れを与えるような大きさの渦の運動、またはその渦を含んだ大気乱流を乱気流あるいはタービュランス Turbulence という。乱気流には、雷雲 Thunderstorm、山岳波 Mountain waves、ジェット気流 Jet stream およびその近傍の寒帯・亜熱帯前線、地上付近の前線面 Front、ウィンドシア Windshear などによるものがある。山岳波は、山の標高の 1.5〜2 倍程度の高度までが一般的であるが、山脈の風下側に上下に振動する波動を生じ、大気重力波との相互作用などにより、その乱気流域が鉛直方向に伝播して圏界面にまで及ぶことがある。また、フライトレベル FL390 程度の高度を巡航しているとき、揺れはほとんどないものの、最大連続推力でも巡航速度を維持できず、高度を下げざるを得なかったという事例がある。飛行データ記録装置 FDR の解析によると、原因は高高度に達した波動の下降気流域を通過したためであると推定されており、著者も奥羽山脈の風下側上空を飛行したとき、同様の経験をしている。このような山岳波やジェット気流などによる晴天乱流 Clear Air Turbulence：CAT によるものは、その存在が眼や航空機搭載レーダーRADAR では把握できないので、目視による回避は困難である。

　なお、ウィンドシアについては、第5章を参照されたい。

4・1　飛行荷重

　飛行荷重 Flight load は、飛行している航空機に加わる荷重で、運動荷重 Maneuvering load と突風荷重 Gust load に分けられる。運動荷重は、パイロットの意図的な操縦による運動で加わる荷重であり、突風荷重は、飛行中に水平方向あるいは垂直方向の突風により加わる荷重である。航空機の構造はこれらの荷重が加わることを考慮に入れて設計されており、航空機が実際に運用されている間に予想される最大の荷重を制限荷重 Limit load という。飛行中に定められた制限を越えた激しい運動を行ったり、乱気流や激しい突風 Gust に遭遇すると、機体に加わる荷重が制限荷重を超え、機体に有害な変形が残ったり、破損することがある。そこで、安全率 Factor of safety を 1.5 として制限荷重に 1.5 をかけたものを終極荷重 Ultimate load とし、これに対して少なくても 3 秒間は破壊せずに耐えられるように設計されている。ただし、終極荷重が 3 秒以上作用するとすぐに破壊するというわけではなく、実際には、強度に多少の余裕があることが多い。航空機が水平直線飛行をしているとき、機体は重力加速度 g で鉛直下方に引っ張られている 1g の状態にあるが、旋回などの運動をしたり、突風を受けると、見かけの重量が大きくなって、いわゆる G がかかった状態になる。荷重倍数 Load factor：n は、航空機に作用する荷重と実際の機体重量の比によって、1g の状態からどの程度 G がかかっているかを表すもので、耐空性審査要領などでは、航空機が運用可能な範囲の荷重倍数の値が耐空類別に定められており、これを制限荷重倍数 Limit load factor という。

4・2　運動包囲線図

　運動包囲線図 Maneuvering envelope は、設計対気速度 Design speed（機体構造強度や空力特性

などの設計および証明の基準として定められた速度）に基づいて、飛行機の運動可能範囲を対気速度(EAS)と荷重倍数 n によって示したもので、この範囲内におけるすべての運動に対して強度が確保される。

図 4.1 は、輸送 T 類で設計最大重量が 50,000lb 以上の飛行機の運動包囲線図であり、制限運動荷重倍数 Limit maneuvering load factor は、フラップ上げのとき、+2.5 および-1、フラップ下げのとき、+2.0 および 0 となる。ここで、V_C、V_A、V_D、V_F が設計対気速度であり、それぞれ設計巡航速度 Design cruising speed、設計運動速度 Design maneuvering speed、設計急降下速度 Design dive speed、設計フラップ下げ速度 Design frap speed である。この他に次節で述べる最大突風に対する設計速度 Design speed for maximum gust intensity：V_B がある。運動包囲線図は機体重量により変化する。

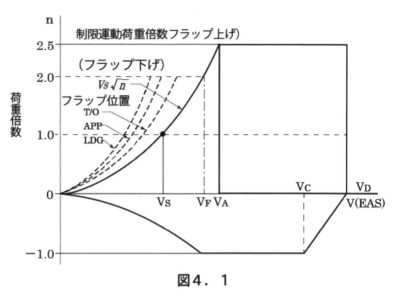

図4．1

設計巡航速度 V_C：正および負の制限運動荷重倍数までかけることができる最大の速度で、強度上巡航に用いられる最大速度

設計運動速度 V_A：主操縦舵面（エレベーター、ラダー、エルロン）を最大限に使用しても、制限運動荷重倍数を超えない最大速度

　　　　　　　　規定では、V_A は、n を V_C における制限運動荷重倍数（この機体では 2.5）、V_S をフラップ上げ状態・設計最大重量 W における失速速度とすると、$V_A \geq V_S\sqrt{n}$ を満たす速度とされている。

設計急降下速度 V_D：フラッター Flutter などを避けるために制限される、その飛行機が出し得る最大速度

設計フラップ下げ速度 V_F：フラップ下げの状態で、その飛行機が出し得る最大速度であり、離陸 T/O、進入 APP、着陸 LDG に使用されるフラップ位置に応じた値が設定される。

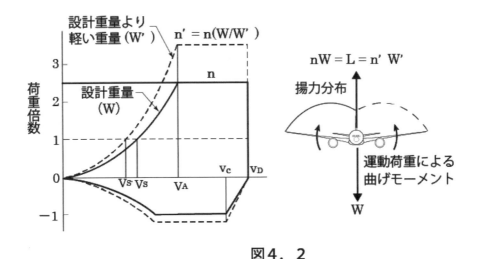

図4．2

　図 4.2 に示されるように、設計最大重量 W より軽い重量 W′ において V_A と同じ速度でエレベーターを最大に使用したときの荷重倍数 n′ は、W のときの制限運動荷重倍数を n とすると、$n' = n(W/W')$ であるから制限運動荷重倍数を超えるが、その場合でも主翼に加わる曲げる力は設計最大重量時を超えることはなく、強度は確保される。従って、W′ において制限運動荷重倍数 2.5 の運動をしても、機体強度上は余裕があるということになる。なお、V_A は、機体重量によらず一定であるが、高度が高くなるにつれ V_S(EAS)が増加するので多少増加する。

4・3　突風包囲線図

　近年世界的に T 類の耐空性の突風荷重に関する基準が大幅に改定された。突風に対して考慮しなければならない突風速度の基準値が変更され、また、縦・横のそれぞれの方向に存在する連続した突風によって構造の各部分に加わる荷重を、非定常空力特性および構造の弾性を考慮した機体の動的応答の解析によって決定する方式になった。この方式はかなり複雑であり、また米国連邦航空局 Federal Aviation Administration：FAA によれば、改定された方式で算定された V_B は改定前のものとほとんど変わらないとされているので、ここでは改定前の方式について説明する。なお、対気速度 V および突風速度 U はすべて EAS である。

（１）水平突風

　対気速度 V で水平定常飛行中の飛行機の揚力 L と重力 W の釣合いは、ρ_0 を標準海面における空気密度とすると、

$$W = L = \tfrac{1}{2}\rho_0 V^2 S C_L$$

である。ここで水平突風 Lateral gust：U を受けた結果、機体の迎え角の変化はなく、対気速度のみが変化したとすると、揚力 L′は、

$$L' = \tfrac{1}{2}\rho_0 (V+U)^2 S C_L$$

となる。従って、このときの n は、次の式のとおりとなる。

$$n = \tfrac{L'}{W} = \tfrac{L'}{L} = (1 + \tfrac{U}{V})^2$$

この式から、同一の強さの水平突風 U に対して、速度 V が大きい高速機では比較的 (U / V) が小さくなるので、n はあまり大きくならず、制限運動荷重倍数を超える可能性は少ないといえる。しかし、低速になると n は大きくなり、加えてフラップを下げると荷重倍数は 2.0～0 に制限されるので、水平突風でも強度に影響を与える可能性が生じる。

（2）垂直突風

対気速度 V で水平飛行中、速度 U の垂直突風 Vertical gust（上向きを正、下向きを負とする）を受けたとすると、図 4.3 に示すように、迎え角は $\Delta\alpha$ だけ増加して揚力係数は C_L から $(C_L + \Delta C_L)$ に増加するが、突然の変化なので速度に変化はないとすると、このときの揚力 L' は、

$$L' = \frac{1}{2}\rho_0 V^2 S(C_L + \Delta C_L)$$

であり、また、迎え角(単位：ラジアン)に対する揚力曲線勾配を a とすると、

$$\Delta C_L = a \cdot \Delta\alpha = a \cdot \frac{U}{V}$$

である。

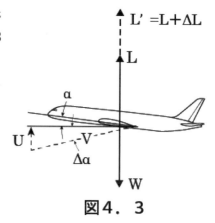

図 4.3

従って、突風荷重倍数 n は、

$$n = \frac{L'}{W} = 1 + \frac{\rho_0 V^2 S \cdot \Delta C_L}{2W} = 1 + \frac{\rho_0 V U a}{2W/S}$$

となる。

設計の際、基準となる T 類の垂直突風速度 Design gust velocity：U_{de} はそれぞれの設計速度に対応して定められ、それによって生じる荷重倍数に対して強度を有しなければならない。図 4.4 は、改定前の各設計速度に対応した U_{de} を示したものである。なお、フラップ下げ時では ±25ft/sec である。上の突風荷重倍数を求める式は、飛行機が静穏な大気から瞬時に垂直突風速度 U の突風のなかに入り、全機に同時に突風が作用することを仮定しているが、実際の飛行ではそのようなことはなく、機体は徐々に突風域に入り、その直後に多少上昇・降下しながら風速

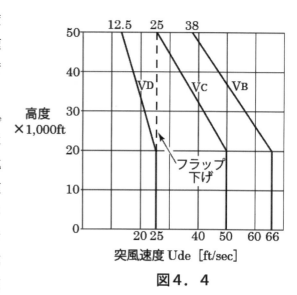

図 4.4

U の突風を受けるので、n（絶対値）は多少減少する。そこで突風軽減係数 Gust alleviation factor：Kg（通常 0.8 程度）により、これを補正する。また、V を [knots] で、U_{de} を [ft/sec] で、W/S を [lb/ft²] で表示される数値とし、ρ_0 に標準海面における空気密度の値 0.002377 [lb・sec²/ft⁴] を入れると、上式は次のように書き換えられる。

$$n = 1 + \frac{K_g U_{de} V a}{498 W/S}$$

この式に各設計速度に対応する垂直突風速度の値を入れた計算結果により、最大突風に対する制

限荷重倍数と速度の関係を示したものが、図4.5に示された突風包囲線図 Gust envelope である。また、この式から、突風荷重倍数 n は、U_{de} が大きいほど、V が大きいほど、a が大きい（アスペクト比が大きい、あるいは後退角が小さい（図2.9参照））

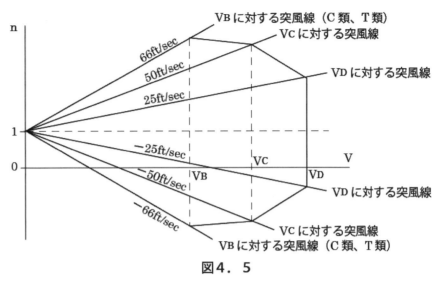

図4．5

ほど、そして翼面荷重 W/S が小さいほど大きいことが分かる。従って、一般に、W/S が大きい大型ジェット輸送機は、W/S が小さい比較的低速の直線翼輸送機より突風の影響は小さくなる。

（3）最大突風に対する制限速度 V_B

V_B は、図4.6に示すように、$V = V_S\sqrt{n}$ の線と V_B に対応する垂直突風速度により与えられる突風線の交点、または V_C での突風荷重倍数 n_c と V_S から求められる値 $V_S\sqrt{n_c}$ のうちどちらか小さい方の速度である。V_B は、機体重量が軽いほど小さくなり、また 20,000ft 以上では U_{de} が小さくなるので高度とともに小さくなる。

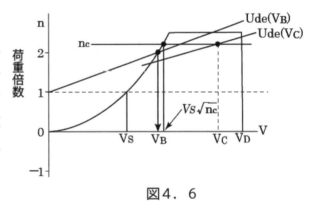

図4．6

4・4 V-n 線図

航空機の構造は、運動包囲線内および突風包囲線内のすべての荷重倍数に耐えなければならない。すなわち、二つの包囲線図を重ね合わせ、V_D までの任意の速度に対して、絶対値が大きい方の荷重倍数の値を繋いでできる包囲線内の荷重倍数に耐えなければならない。この重ね合わせた包囲線図を V-n 線図 V-n diagram という。図4.7は、T

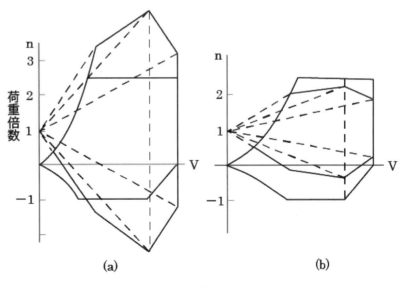

図4．7

類の低亜音速輸送機(a)と遷音速ジェット輸送機(b)の例（高度、重量：一定）である。この図で分かるように、低亜音速輸送機(a)では、突風包囲線が運動包囲線からはみ出ている。すなわち、突風制限荷重倍数が運動制限荷重倍数を上回るため、通常、構造の強度保証範囲は突風により決められる。一方、遷音速ジェット輸送機(b)では、一般に突風包囲線は運動包囲線内に包まれ、強度保証範囲は運動により決められる。なお、飛行するときは、構造の設計上、運動荷重と突風荷重が同時に加わって制限荷重倍数を超える可能性については考慮していないことに注意する必要がある。

４・５　乱気流中の飛行速度

　乱気流域を通過するときの速度 Turbulent air penetration speed or Rough-air speed は、機体構造にかかる荷重倍数および操縦性を良好に維持できることを考慮して決定される。上述のとおり、小さい飛行速度の方が、荷重倍数を小さくできるので、機体構造の面、また搭乗者の快適性の面からは良いが、あまり速度が小さいと、操縦性が悪化して機体を失速させる可能性も生じる。このため、次の条件を満たす必要がある。

①構造にかかる荷重が大きくなり過ぎない。

②突風による失速およびバフェットに対して十分な余裕を持っている。

③速度および飛行経路安定が損なわれて飛行機の操縦が難しくなるバックサイド領域に対して余裕がある。

④減速するとき、巡航速度との差が小さく、推力とトリムの変更を大きくすることなく短時間に到達でき、安定した飛行状態を保ちやすい。

　N、U、A 類では、条件③、④はほとんど問題とならないので、条件①、②を満たす V_A が乱気流中を飛行する速度として選定されている。次に、3 節で述べた C、T 類に対して定められる V_B に関係する乱気流中の飛行速度 V_{RA} について考えてみよう。条件①を突風荷重について考慮すると、V_{RA} として V_B が最適ということになるが、V_B は高度や機体重量により変化すること、図 4.6 で明らかなように失速速度にかなり近く、また巡航速度よりかなり小さいことから、条件②、③、④について問題が残る。実際に初期のジェット輸送機では、乱気流に遭遇し、当時定められた V_B まで減速する操作を行ったところ、機体が失速してアップセット（異常姿勢）状態（第 8 章参照）に陥った事例が複数回発生した。そこで、遷音速ジェット輸送機では、上述したように、突風制限荷重倍数が運動制限荷重倍数を下回り、最大運用限界速度 Maximum operating limit speed：V_{MO} / M_{MO} でも運動制限荷重倍数、およびその 1.5 倍の終極荷重倍数に耐えるように設計されているので、現用機の V_{RA} は V_B より大きい速度となっている。最大運用限界速度は、通常の運航において故意に超えてはならない速度であり、M はマッハ数 Mach number で表示される速度であることを表す。関連法規では、V_{MO} / M_{MO} ≦ V_C / M_C と定められており、一般に V_{MO} / M_{MO} = V_C / M_C である。

　図 4.8 は、ある機体重量における乱気流中の飛行速度 V_{RA} と他の制限速度との関係を示したものである。

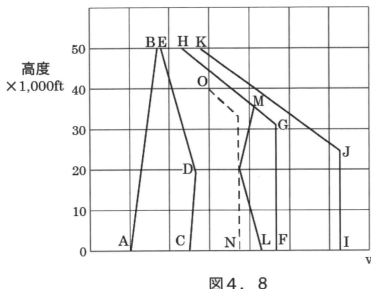

図 4. 8

線 AB：失速速度（1g 飛行）
線 CDE：最大突風(66ft/sec)を受けたときの失速速度
線 FGH：V_{MO}/M_{MO}
線 IJK：V_D/M_D
線 LM：最大突風(66ft/sec)を受けたときの強度上の制限速度
線 NO：V_{RA}

　V_{RA}は、線 LM とほぼ接し、線 CDE と線 FG との中間、すなわち最大突風を受けたときの失速速度と V_{MO} に対して同程度の余裕がある速度で、通常の巡航速度よりやや小さく、V_A とほぼ等しい速度となっている（図 4.10 参照）。すなわち、V_{RA} が対気速度で示される範囲では、V_{RA} は最大突風荷重と最大運動荷重が考慮され、失速と機体強度に最も余裕を持つ速度となっている。

　図 4.8 ではバフェット限界 Buffet boundaries やバックサイド領域との関係がはっきりしないので、設計重量における、高速および低速バフェット限界、V_B、最小抗力速度 V_{MD}、V_{RA}、V_{MO}/M_{MO}、最大突風を受けたときの強度上の制限速度の関係と高度による変化を図 4.9 に示す。ある高度以上では、V_{RA} を一定のマッハ数に代え、突風と高速バフェット対して十分な余裕を持たせていることが分かる。この高度は V_{RA} の対気速度値にもよるが、30,000ft 程度である。なお、高速バフェット High speed buffet or Mach buffet は、音速に近い飛行速度で主翼上に発生する衝撃波に伴って引き起こされるバフェットである。ある機体重量における最大巡航高度は、一般に 1.3G～1.5G 程度の荷重倍

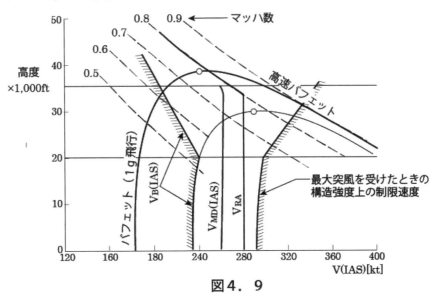

図 4. 9

数に対してバフェットに入らないことを条件として決定される。一方、マッハ数が一定であると、高度が高くなるにしたがって対気速度は減少するため V_{MD} との差は僅かになるので、旋回などの荷重倍数が増加する運動を行ったり、突風などで速度が変動すると、バックサイド領域に入る可能性が高くなることに注意しなければならない。

図4.10は、ある機種の各運用限界速度と V_{RA} の関係の例である。なお、機体重量が比較的軽いとき、低高度においては失速速度が小さくなるので、突風による荷重倍数を小さくするため、V_{RA} より小さい速度を乱気流中の飛行速度としている機種もある。

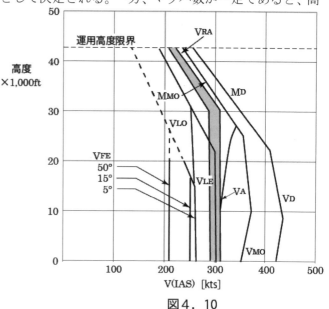

図4.10

4・6　飛行機の突風応答特性と飛行計器の指示

乱気流のなかを飛行しているとき、突風により機体にGがかかるが、機体は重心回りに縦揺れPitchingするので、胴体にかかるGは一様ではなく、機首と尾部は重心位置とは違ってくる。図4.11は、通常の縦安定がある機体が、上向きの突風を受けたときの機体全体の垂直方向の運動と横軸回りの縦揺れモーメントPitching momentによるGの変化、およびその合計のGの変化を表したもので、突風によって迎え角が増加すると、機体全体には上向きの加速度が生じて機体にかかるGは増加し、一方、縦の静安定により機首下げモーメントが発生するため、尾部では機首部より大きなGがかかる。乱気流のなかでは、上向きと下向きの突風が入れ換わり存在することが多く、強い突風を受けた場合、直後に逆向きの突風を受ける可能性が非常に高い。下向きの突風を受けると、機体全体には下向きの加速度が生じて機体にかかるGは減少し、一方、迎え角が減少して機首上げモーメントが発生するため、尾部では機首部よりかかるGが一

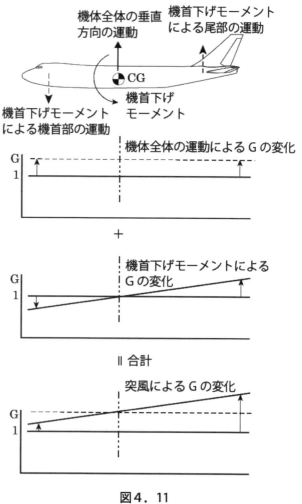

図4.11

層減少する。この結果、機首側が中心になって機体後部が振動するように縦揺れすることになり、特に大型機では、揺れの感じは操縦室 Flight deck と胴体後部でかなり違う。B747 では、機首の前方 30ft 付近がこの中心になるという報告もあり、著者の実感とも合致する。

飛行計器 Flight instrument（第 7 章 1 節参照）のうち、ピッチ姿勢 Pitch の変化を指示する計器は、次の四つある。① 姿勢指示計 Attitude (director) indicator：ADI、② 対気速度計 Airspeed indicator：ASI、③ 気圧高度計(Barometric) Altitude indicator、④ 昇降計 Vertical speed indicator：VSI で、この他、荷重倍数の変化に対するパイロットの体感もピッチ姿勢をコントロールするときの手掛かり Cue となる。これらのうちピッチ姿勢を直接指示するのは、姿勢指示計であり、他はピッチ姿勢が変化した後の結果を指示するものである。突風を受けたとき、これらの計器指示と荷重倍数の変化は、機体のピッチ姿勢の応答により異なるから、突風が吹いてくる方向により異なってくる。図 4.12 および表 4.1 は、突風が、機体の①前方、②後方、③上（下向き）、④下（上向き）から吹いてきた場合のピッチ姿勢の反応および計器指示と荷重倍数の変化をまとめたものである。乱気流は外気温度の変動を伴うことも多く、このため推力レバーが一定の位置にあっても推力が変化するので、速度や高度が変化することがある。

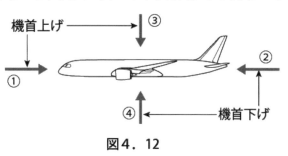

図 4．12

表 4.1

突風の方向	ピッチ姿勢変化	姿勢指示計	対気速度計	高度計	昇降計	荷重倍数
①前方から	機首上げ	機首上げ	増加	増加	上昇	増加
②後方から	機首下げ	機首下げ	減少	減少	降下	減少
③上から	機首上げ	機首上げ	減少	減少	降下	減少
④下から	機首下げ	機首下げ	増加	増加	上昇	増加

4・7　乱気流に遭遇したときの対応と操縦

1．対応

　晴天乱気流や山岳波など目視による回避が困難な乱気流に遭遇したときは、飛行高度を変更すると揺れが軽減されることが多い。ただし、高空では、高度を上げると、バフェット限界が狭まり、また巡航速度がバックサイドに近づくが、反対に高度を下げると、バフェットと操縦性に対する余裕を増大させることを考慮して変更する高度を決めなければならない。強さが中程度 Moderate 以下の乱気流では、搭乗者の安全性に対する配慮が必要であるが、機体の構造保護という点に限れば、飛行高度や速度を特に変える必要はない。

　客室などに搭乗者がいるときは、着席および座席ベルトの着用を告知しなければならない。前述のとおり、操縦室 Flight deck は揺れが最も小さくなる個所であり、機体後部は揺れが大きいことに留意する。

タービンエンジン機では、エンジン始動時に点火装置 Engine ignition system を使用して燃焼を開始した後は、燃焼は点火装置なしで連続的に行われる。乱気流中では、エンジン前面の進入空気速度の変動が大きくなり、空気取り入れ口における吸入空気流に乱れが生じて圧縮機が失速やサージを起こし、燃焼室内の火が吹き消されてしまう現象（フレームアウト Flame out）が起き、エンジン停止となる恐れがある。これを防ぐため、点火装置を作動させる。

乱気流中を飛行するとき、自動推力調整装置 Autothrottle system を解除 Disengage するよう定められている機種がある。自動推力調整装置は、決められた速度に追従するために推力を変化させるので、一時的な速度変化に対しても推力を変化させ、また推力の変化により縦揺れモーメントが変化する。これらの変化が大きくなるのは望ましくないからである。

制限荷重倍数の面からはフラップ上げ状態の方が有利なので、乱気流が予想される空域では、できるだけフラップの展開を遅らせる。

２．操縦

前節の表 4.1 から、姿勢指示計は機体のピッチ姿勢の変化を正しく表示するので、元のピッチ姿勢に戻るための正しい情報をパイロットに与えるが、他は逆操作になる情報を与えかねないことが分かる。例えば、突風が前方から吹いてきた場合、対気速度計の指示によって操縦桿を引くと、ピッチ姿勢は一層機首上げとなる。また、下方から上向きの突風を受けた場合、対気速度計以外の他の指示によって操縦桿を押すと、ピッチ姿勢は一層機首下げとなる。このような事態から機体がアップセット状態に移行するのを防ぐ方法は、自動操縦装置 Autopilot system の使用、あるいは手動で操縦する場合は、姿勢指示計の指示に基づいた操縦をすることである。

（１）自動操縦装置の使用

自動操縦装置の使用による利点は、上記の他に、揺れによる振動で計器の指示を正確に読み取ることが困難になるが、自動操縦装置にはその影響がないこと、自動操縦装置に機体のコントロールを任せることにより、パイロットは飛行全体をモニターできること、などである。自動操縦装置を使用する際は、強い乱気流中では大きな姿勢変化を伴う操作や速度変化に追従する操作は望ましくないので、種々のモード Mode のうち、これらの操作を行う可能性のあるモードを除いた乱気流中の飛行に適したモードを選ばなければならない。一方、自動操縦装置を使用する際には、注意しなければならない点がある。突風を受けたとき、自動操縦装置は使用されているモードに応じた機体のコントロールを行ってスタビライザートリム Stabilizer trim を作動させることがある。このとき、特に強い垂直方向の突風を受けた場合、スタビライザートリムの動きが大きく、かつ継続することがあり、その結果、トリム変化が大きくなり過ぎることがある。スタビライザートリムの適正な位置からのズレが大きいと、エレベーターでは機体姿勢の修正が不可能となることがあるので、スタビライザートリムの動きに注意し、トリム変化がこのようになったら、自動操縦装置を解除しなければならない。もう一点は、パイロットが意図しないで自動操縦装置が解除される可能性があることである。垂直方向の突風だけではなく、水平方向の突風によりバンク角が限界を越えてしまい、自動操縦装置が解除されることがある。これは乱気流中を飛行するときだけの問題ではないが、特に乱気流のなかでは自動操縦装置の解除に気づくのが遅れると、機体の姿勢

第4章　乱気流

の回復が難しくなることがあるから注意しなければならない。なお、推力および速度のコントロールについては、次の（2）手動操縦を参照されたい。

（2）手動操縦 Manual flight

機体のピッチ姿勢の変化を正しく表示する姿勢指示計を主要な計器とし、これに基づいて機体を左右水平 Wing level に保持する。速度を V_{RA} にし、トリムがとれたら速度が変化してもスタビライザートリムの変更 Re-trim は行わない。V_{RA} は制限速度ではなく、目標とする速度と考えるべきであり、速度の変動をあまり細かく修正しようとせず、その傾向を大局的にとらえて対応する。V_{RA} を維持するための推力をセットしたあとは、大きく推力を変更すると、それによって生じる縦揺れモーメントによりトリム状態から外れてしまうので、速度の変動に対する推力の変更はできる限り小さくする。乱気流や突風に対する操舵に伴う空気力は非定常な過渡的なものであり、速く、大きく急激な操舵を行うと、定常状態のときより大きな縦揺れモーメントが発生する。そのため、パイロットの操舵とそれに対する機体の時間的遅れを含んだ応答が重なって相互作用が起き、パイロットの意図より大きく姿勢が変化するオーバーコントロール Over control 状態になって大きな振動運動が発生する可能性、いわゆるパイロット誘導振動 Pilot induced oscillation：PIO に入る可能性が高まる。特に飛行高度が高くなると空気密度が小さくなるので、機体の姿勢変動に対する減衰効果が少なくなるから、同一の操舵力に対する姿勢変化が大きくなるため（図 8.1 参照）、オーバーコントロールしやすくなり、その結果、ピッチ振動が発生する可能性が一層高まる。ピッチ振動の発生を認めたら、パイロットによる操舵を一時的に停止あるいは減少させ、パイロットの応答と機体の応答との相互作用をなくすことが、ピッチ振動を抑止するのに有効である。たとえ大きな高度の変化があっても、上述のような操舵を行うと、機体のコントロールが難しくなり、またバフェット限界やバックサイドに接近するので、機体の安全が確保できる限り、エレベーターによるゆったりとした円滑な操縦でピッチ姿勢を維持し、旋回する際もバンク角は通常より少なめにする。例えば、上昇流を受け、機体が上昇したとき、まず上昇を止め、そのときの高度で水平飛行するようエレベーターを操舵し、ピッチ姿勢を確立して様子を見る。その後に下降流を受けたら、ほとんどそのピッチ姿勢のままで元の高度に戻ることができる。下降流に会わなければ、ピッチを修正してゆっくり元の高度に戻せばよい。

4・8　事例

1）中華航空 MD11（日本　室戸岬付近上空　1992 年 12 月 7 日）

同機は、台北から米国アラスカ州アンカレッジ空港に向け、室戸岬沖の上空をフライトレベル FL330 で巡航中、中程度の乱気流に遭遇し、一時操縦不能に陥ってエレベーターが損傷したが、飛行を続け、目的地に着陸した。負傷者はいなかった。NTSB の調査によると、乱気流に遭遇した際、横からの突風によって機体は大きく横揺れし、自動操縦装置は自動的に外れたが、この後のパイロットの操作により、ピッチ角と速度の変動が大きくなって姿勢を回復するまでに少なくとも 4 回失速した。MD11 は、高高度で飛行中は操舵力が軽くなるという操縦特性があるため、パイロットの手動による操縦はオーバーコントロールになりやすく、

その結果、機体にかかる G が大きくなってバフェットに入り、エレベーターの構造強度を超えてしまい外板が剥離するなどの損傷を生じたものの、これらの損傷は機体の操縦にほとんど影響しなかった。

2）全日本空輸 B767（東京　東京国際空港(羽田) 付近 1993 年 2 月 17 日）

同機は、東京国際空港に向け飛行中、東京国際空港の南東約 20NM で、単発の強い乱気流に遭遇し、客室乗務員 5 名全員が負傷した。航空事故調査委員会（現　運輸安全委員会）の報告によれば、高度 5,000ft から 3,000ft に降下する際、強い水平ウィンドシアが存在する寒冷前線を横切るように飛行し、この乱気流に遭遇した。この時、座席ベルト着用サインは点灯され、機内放送も実施されていたが、客室乗務員は通常の着陸前点検を実施するため、全員が離席あるいは座席ベルトを外しており、大きな揺れにより上方に投げ出された後、床に落下した。このうち、後方担当の客室乗務員は自力で自席に戻ることができず、着陸したとき、床に横たわったままの状態であった。

追記：現在、宇宙航空研究開発機構：JAXA では、航空機搭載用のドップラーライダー Doppler LIDAR を用いて、目視による回避が困難な乱気流を可視化する装置の研究開発が行われている。ドップラーライダーは、レーザー光を大気中に発射し、大気中の塵や微粒子 Aerosol からの散乱光を受信してドップラー効果によって生じる周波数の変位を解析することで気流の乱れを観測するものである。

第5章　低層ウィンドシア

5・1　ウィンドシア

　ウィンドシア Wind shear は、短い水平あるいは垂直距離間での大気中の風向・風速の急速な変化である。風には向きと速さがあるので、ベクトル量となるから、これを斜体で表す。図5.1に示すように、地点 A および B での風をそれぞれ A および B とすると、ベクトル量としてのウィンドシア WS は次の式で表される。

$$WS = B - A$$

図では水平方向の WS について示されているが、風（空気の流れ）は3次元であるから、3軸方向の成分に分けられ、それぞれ次のように呼ばれる。

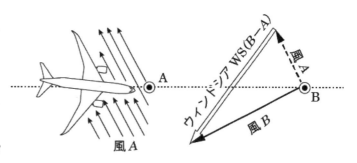

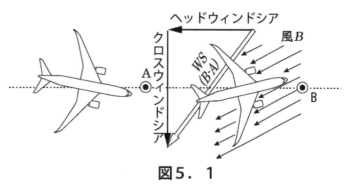

図5.1

① ヘッドウィンドシア Headwind shear、
　　テールウィンドシア Tailwind shear

　ヘッドウィンドシアとは、向い風成分 Headwind component が増加、あるいは追い風 Tailwind component が減少するウィンドシアであり、テールウィンドシアとは、向い風成分が減少、あるいは追い風成分が増加するウィンドシアである。

② クロスウィンドシア　Crosswind shear

　横風成分 Crosswind component の増加または減少をいう。

③ 垂直ウィンドシア Vertical wind shear

　上昇流 Updraft あるいは下降流 Downdraft による気流の上下方向成分の増加または減少をいう。
図5.1は、ヘッドウィンドシアおよびクロスウィンドシアの例である。

5・2　ウィンドシアの発生原因

　ウィンドシアは高い高度でも発生するが、離陸時あるいは進入・着陸時のように低高度において最も障害となるので、ここでは低高度（対地高度 1,600ft 未満）におけるウィンドシア、すなわち低層ウィンドシア Low-level wind shear について考察する。

　低層ウィンドシアの発生原因は、主に次のものが挙げられる。

① 雷雲 Thunderstorm

　図 5.2 に示すように、雷雲周辺の気流は複雑であり、その全周にわたってウィンドシアが存在する可能性がある。また、積乱雲のセル Cell で発生した冷気塊からなる下降流が地面に達し、

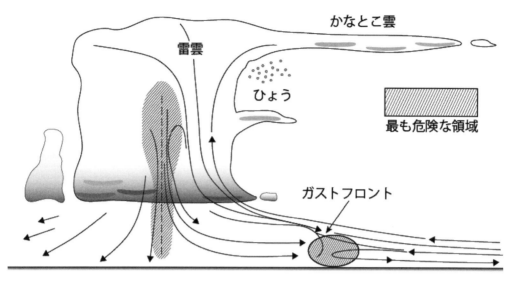

図5．2

四方に広がるときに、その先端部で周囲の温かい空気との間にガストフロント Gust front と呼ばれる風向・風速が急変する不連続面と、突風を伴う強風が生じる。ガストフロントは、通常、雷雲本体より 5〜6NM 先行する。また下降流が地上まで降下し、地表に衝突して水平方向に強い発散流となって広がるような強い下降気流をダウンバースト Downburst という。ダウンバーストによる風の変化は、その強風部分が拡散してしまえば緩やかになる。このため、着地から数分後に最も風速が強くなる。ダウンバーストのうち、下降流の吹き出し口の直径が 4km 以下のものがマイクロバースト Microburst に分類される。マイクロバーストは着地後 10〜20 分で消滅するが、非常に強い風を伴う。マイクロバーストは単独で来ることもあるし、連続して来ることもある。また、尾流雲 Virga の下に存在するものや、かなとこ雲 Anvil から降っている雹が気化し、周囲の空気を冷やして生じる冷気塊からなるもののように降雨を伴わないものもあり、何の変哲もない対流雲がマイクロバーストを発生させる親雲となっていることもある。

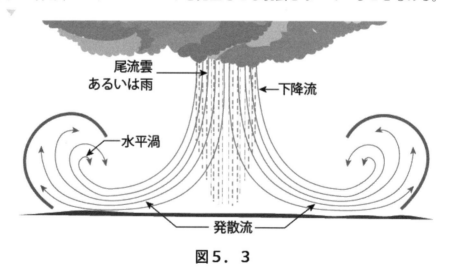

図5．3

図 5.3 および図 5.4 はマイクロバーストを表したものであり、下降流は地表に衝突して急激に

発散し、環状の水平軸をもつ渦となって広がる。図5.3は対称形のものを示しているが、地上付近に風があると、非対称形となり、例えば、風向が図の左から右への風があると、図の右側の発散風の風速はこの風の風速が加わるので大きくなり、左側の発散風の風速は小さくなる。

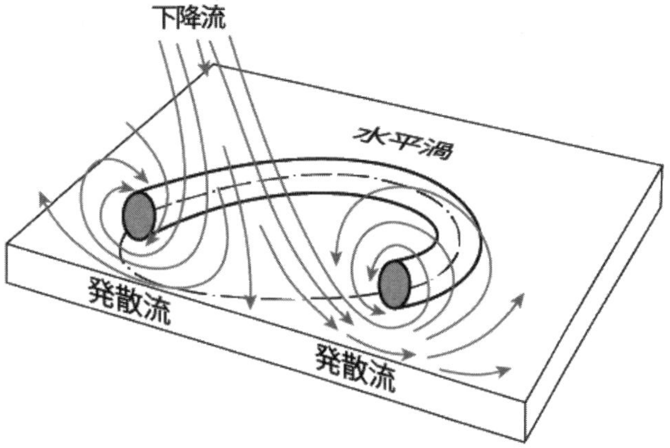

② 前線 Front

図5.4（原図出典：藤田哲也シカゴ大学教授 "The downburst"）

前線を形成する二つの気団では、風向・風速が異なることがあり、その境にウィンドシアが存在する。寒冷前線の場合、ウィンドシアは前線が飛行場を通過した直後から暫くの間発生する。温暖前線の場合、前線が飛行場を通過する前が最も危険である。統計によると、温暖前線によるウィンドシアの方が寒冷前線によるものより強い。この他、大きな水域の近くで、水域と陸地との温度差による局地的な気流によって形成される海風前線や、風向の異なる風によって気温が異なる気流が収束して形成される沿岸前線が原因となってウィンドシアが発生することがある。

③ 気温逆転層 Temperature inversions

気温逆転層によるウィンドシアは、地表近くで冷やされた静穏な寒気の上に強い風を伴う暖気が存在するときに発生し、上昇あるいは降下中に、この層を通過するとウィンドシアに遭遇することになる。

④ 山岳波 Mountain waves

山頂高度の近くに逆転層があり、風速が大きいとき、山の風下側では流れが乱れて山岳波が発生し、そのなかの回転軸が流れに直角の閉じた回転流 Rotor などでウィンドシアが発生する。

⑤ 竜巻 Tornado

図5.5に示すように、竜巻は鉛直軸をもつ強い渦であり、その中心気圧は非常に低いので、中心では強い上昇流により、また周辺では風向の急変によりウィンドシアが存在する。

⑥ 地形と建物

地表風が強いとき、出発あるいは進入・着陸経路の風上に丘や大きな建物があると、局地的なウィンドシアが発生することがある。高台にある滑走路の場合、滑走路のやや上空で、吹き上げる風が収束して強くなるが、それより低い高さでは急速に風が弱まって水平渦が発生し、高度の変化とともに風向・風速が急変することがある。

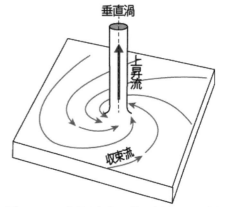

図5.5（原図出典：藤田哲也シカゴ大学教授著 "The downburst"）

5・3 ウィンドシアによる飛行機への影響と性能

1．機体に与える影響

　定常風や徐々に変化する風は、飛行中の航空機に対して、その対地速度 G/S と偏流 Drift に影響を与えるだけであるが、機体が加減速し得る以上の早さで風が変化するウィンドシアに遭遇すると、暫くの間非定常状態になり、対気速度 A/S は増加あるいは減少する。これは、次のように考えられる。航空機は、比較的大きな運動量を持っているので、その地球に対する慣性速度（対地速度）や飛行経路は風向・風速が変化しても瞬時に変化するわけではなく、暫くの間、遭遇以前の状態を保とうとする。そのため、ウィンドシアを通過すると、対地速度に合わせるように空気に対する速度（対気速度）が増加・減少するが、シアの後の風が一定ならば、その後対地速度は徐々に減少・増加して対気速度は元の値に戻る。

（1）テールウィンドシア

　標準海面高度の滑走路に向かって、**図 5.6** のように、20kt の定常な向い風のなかを降下角 3° 程度の降下経路 Descent path に乗って、指示対気速度：IAS140kt で進入している飛行機を考え、この飛行機がウィンドシアに遭遇して 20kt の向い風が突然なくなったとすると、次の

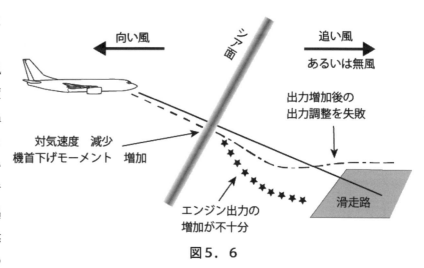

図5．6

ようなことが起こる。まず IAS が 140kt から 120kt（シア面を通過する前の対地速度に等しい速度）に減少し、このため、トリム速度に戻そうとする機体の安定性によって機首は下がり、また揚力は約 27%減少するので、降下経路の下に沈み始める。これに対し、降下経路に再び乗るために機首を上げると、抗力が増加して IAS は一層減少するので、推力あるいはパワー（以下、単に推力と記す）も増加させなければならない。この機首上げと推力増加が不十分、あるいは間に合わないと、機体は定められた接地帯の手前に落着 Hard landing することになる。一方、この操作がうまくいき、降下経路に乗り、適切な IAS に戻った後、これを維持するためには、シアに遭遇する前の推力より小さくしなければならない。これは、向い風がなくなったときに降下経路を維持するために必要な推力は、20kt の向い風のなかで必要な推力より小さいからである。この推力の減少が遅れると、滑走路末端の通過高度が高く、推力過剰となり、接地点が延びることになる。

同じ滑走路で、**図5.7** のように離陸滑走中にテールウィンドシアに遭遇すると、IAS の増加が鈍るため V_1 およびローテーション速度（滑走路から飛行機を浮揚させるための操作を行う速度）Rotation speed：V_R に到達する地点が延びるので、地上滑走距離が長くなり、また、浮揚後の上

昇性能は低下するので、空中距離も長くなる。V_R 近傍の IAS のときにシアに遭遇すると、揚力の減少により性能データから求められた機首上げ姿勢 Pitch attitude では機体が浮揚しないことが起こり得る。このように IAS の増加が鈍っているときは、ローテーションのときの機首上げの舵感が通常より重くなる。IAS が V_1 になったときの対地速度は、向い風がある、あるいは追い風がないときより大きくなるので減速距離も延びるため、加速停止距離は長くなる。

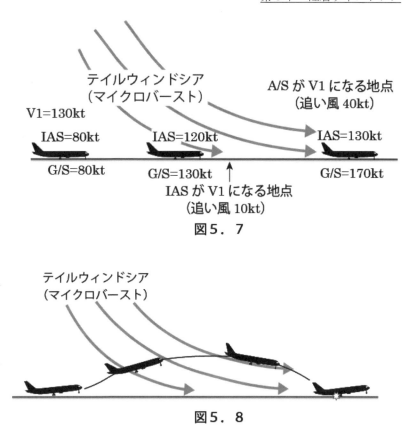

図5.7

図5.8

図 5.8 のように、機体が浮揚した直後の離陸上昇中にテールウィンドシアに遭遇すると、上述のように IAS は減少し、機首は下がる。このとき IAS を回復するために機首が下がるのを放置すると高度を失うことになるので、特に前方に障害物などがある場合、定められた上昇速度(IAS)よりある程度小さな IAS となっても、性能データに示された目標機首上げ姿勢を保持すべきである。このとき、機首下げモーメントの増加によって通常よりかなり大きい操舵力が必要となることに留意する。上昇中、気温逆転層によるテールウィンドシアに遭遇した場合、速度減少による揚力の減少に加えて、温度が上昇して空気密度が減少するため揚力および推力が減少するので、上昇性能は大きく低下する。

（2）ヘッドウィンドシア

図 5.9 のように、テールウィンドシアとは反対に、まず IAS が増加し、このため、トリム速度に戻そうとするため機首は上がり、また揚力の増加により降下経路より上に浮き上がり始める。これに対し、降下経路に再び乗るために機首を下げる

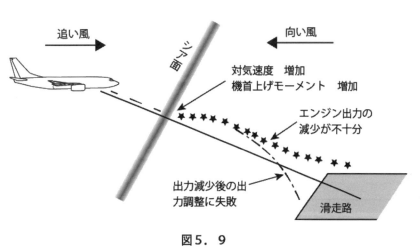

図5.9

と、抗力が減少し、IAS は一層増加するので、推力も減少させなければならない。この機首下げと推力減少が不十分、あるいは間に合わないと、機体の接地点が延びることになる。一方、この操作がうまくいき、降下経路に乗り、適切な IAS に戻った後、これを維持するためには、シアに遭遇する前の推力より大きくしなければならない。これは、追い風成分が減少したときに降下経路を維持するために必要な推力は、シア通過前に必要な推力より大きいからである。この推力の増加が遅れると、機体は定められた接地帯の手前に落着することになる。

離陸滑走中にヘッドウィンドシアに遭遇すると、ローテーションのときの機首上げの舵感が通常より軽くなる。離陸滑走から上昇中にシアに遭遇したときは、その作用が航空機の性能を良化させることになるので大した問題とはならないが、シアを通過するとき、機体が機首上げとなっても、トリムを取り直さない方が良い。シアを通過した暫く後、それ以上の風の変化がなければ、IAS は元の値に戻るからである。

（3）クロスウィンドシア

クロスウィンドシアに遭遇すると、機体は偏揺れや横揺れしながら横に流される。推力の調整はあまり必要ないが、離陸・進入を続ける場合は針路の修正に時間が必要となる。

（4）垂直ウィンドシア

上昇気流は航空機の性能を増大させるので、トリムが変化する程度で、大きな問題にならないが、次に存在する下降気流の前触れの可能性がある。下降気流に入ると、相対流が水平方向より上から吹き下すようになるので迎え角が減少し、特に強い下降気流では迎え角が負になることもあるため、揚力が大きく減少する。強い下降気流を伴うマイクロバーストの中心では、3,000 ft/min 程度の下降流が存在する。

以上の（1）〜（4）に遭遇する典型的な気象現象であるダウンバーストのなかを進入している例を図 5.10 に示す。点 a では、進入は正常である。点 b でヘッドウィンドシアに遭遇し、機体は進入降下経路の上に浮き上がる。点 c から点 d までの

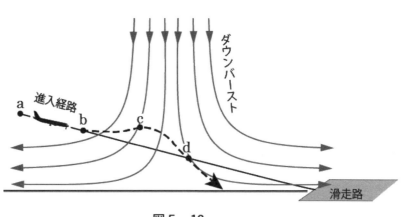

図 5.10

短時間に向い風成分は消え、強い下降気流に入り、その後、追い風成分が増加し始める。下降気流に入ると、迎え角が減少し、また、次に追い風成分が増加するため IAS が減少するので、揚力は減少する。この結果、機体は進入経路の下に沈む。点 b における IAS の急増は、その後に遭遇するテールウィンドシアの前触れである。通常、点 b から点 c の間で進入経路に戻るために機首を下げ、推力を減少させることになるが、この操作が大き過ぎる、あるいはこの状態が長時間にわたると、点 c から点 d の間で機体の降下率は過大となり、進入経路より大きく沈むことになり、そ

の時点で進入復行を開始しても間に合わないことがある。点 c 付近で、進入経路に戻るための操作が大き過ぎると思われたら、着陸復行 Go-around を開始すれば成功する可能性は高い。

マイクロバーストでは、環状の水平渦が発生する。図 5.11 のように、この水平渦を軸に対して垂直に通過するときは、上昇流と下降流に交互に遭遇するので上述のような状況となるのに加

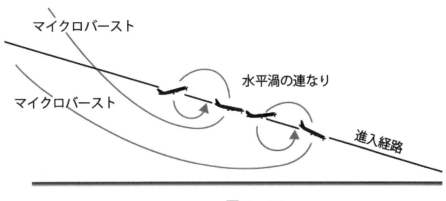

図 5．11

え、迎え角が短時間に変動するため、失速警報装置 Stall warning system が、その作動速度 V_{SS} よりかなり大きい速度で作動することがある。また、軸に平行に通過する場合、水平渦は強い回転モーメントを伴っているので、機体は大きくロールする。このため、機体の姿勢を制御するのに操縦桿の最大限までの使用が必要となることもある。

2．諸系統に与える影響

1）高度計

図 5.3 に示すように、ダウンバーストの中心では下降気流が地表に衝突するため気圧が高くなるので、気圧高度計は低く示すが、風が発散する途中の風速が強くなる地点では気圧が低くなるため、機体が上昇していなくても、気圧高度計は高く示す。一方、電波を使用して地表からの高さを示す電波高度計 Radio altimeter は、地表面高度の高低により、その指示は増減する。従って、機体の実際の上昇・降下については、これらの特性を理解した上で、両者によって総合的に判断しなければならない。

2）昇降計

静圧孔から得た大気圧の変化率を測定することによって上昇・降下率を表示するタイプの昇降計の指示は、機体の実際の上昇・降下に対して数秒程度の遅れがある。慣性基準装置 Inertial reference system：IRS（第 7 章 1 節参照）から得た鉛直方向の加速度によって表示するタイプのものは、ずっと改善されてはいるものの遅れはなくなっていない。従って、特に急速に垂直流が変化するときは、昇降計は機体の実際の上昇・降下を正確に示すものではないことに注意する必要がある。

3）失速警報装置

急な運動を行ったり、急激に垂直流が変化すると、失速警報が発生する速度が水平定常飛行時の速度から変化してしまう可能性がある。

4）迎え角表示計 Angle of attack indicators

迎え角表示計は、失速警報作動までの余裕を表示するので有益であるが、垂直流が激しく変化するウィンドシアのなかでは、その表示が大きく変動するため、これによってピッチ姿勢をコ

ントロールするのは難しい。

５・４　飛行中のウィンドシアの認知

１．ウィンドシアの探知

　　国内の主要空港では、電波を雲中の雨滴などや降水に反射させ、ドップラー効果によって生じる周波数の変位を解析し、観測対象の移動速度、距離、方位を計測することで気流の乱れを観測するドップラーレーダーDoppler radar やドップラーライダー（第４章参照）を単独または両方設置してウィンドシアを探知し、これに基づく警報の発出や風・降雨などの観測情報の提供が行われている。また地方空港では、設備が小規模で済むドップラーソーダーDoppler SODAR を用いて同様の警報・情報を提供することが計画されている。ドップラーソーダーは、音波を大気中に発射してドップラー効果によって生じる発射音と受信音の周波数の変位を解析し、風速の不均一による大気屈折率の揺らぎを計測することで気流の乱れを観測するものである。

２．ウィンドシアの認知

（１）判断基準

　　激しい降雨、低い視程、乱気流による揺れなどは、ウィンドシアの認知を遅らせる要因となるが、ウィンドシアの強さによっては、揺れないこともある。通常の飛行状態からの逸脱が次の判断基準を超えたら、強いウィンドシアが存在する可能性がある。ただし、これらの基準値は目安であり、その変化が急激である場合は、その値に達していなくても、回復操作が必要となることがある。

　１）離陸滑走

　　離陸滑走中は IAS が急速に増加していくので、ウィンドシアの認知は難しくなるが、IAS の大きな変動や緩慢な増加は、ウィンドシア遭遇の兆候の可能性がある。

　２）離陸・進入

　　① IAS ±15kt

　　　上述のように、ウィンドシアでは IAS が大きく変動したり、急激に変化する。

　　② 昇降率 Vertical speed ±500 ft/min

　　　離陸上昇中、上昇率が急減したら追い風成分が大きくなったことを示す。

　　　着陸進入の場合、一定の降下角で定められた降下経路上では、降下率 Descent rate と対地速度は比例関係にあり、大きな降下率は追い風成分が大きいことを、反対に小さな降下率は向い風成分が大きいことを示す。

　　③ 縦揺れ角 Pitch angle ±5°

　　　縦揺れ角が通常よりも高いときは向い風成分が大きいことを示し、低いときは追い風成分が大きいことを示す。

　３）進入

　　① ある程度の時間、推力レバーが通常と異なる位置にある。

　　　一定の降下角で定められた降下経路を保持するために必要な推力は、追い風成分があると通

常より小さく、向い風成分があると通常より大きくなる。

4）Instrument Landing System：ILS 進入

① グライドスロープ Glide slope ±1°

上述のように、ウィンドシアではグライドスロープからの急な逸脱が生じる。

② ローカライザー Localizer

中心線を保つための偏流修正角：WCA の急激な変化は、風向の急変を示す。

（2）その他

IAS の大きな変動とともに操縦桿の異常な感覚があるときには、ウィンドシアに備える。

進入・着陸の場合、その飛行高度における風向・風速が表示される装置が装備されている機体では、最終進入開始高度の風と管制機関から通報される地上風と比較してみれば、ウィンドシアの存在が分かることがある。

対地速度が表示される装備がある機体では、対地速度と IAS を比較し、対地速度に対して、上記1）①のように IAS が急激に変化するときはウィンドシアの可能性が高い。

ウィンドシアを検知するために、下降流による過大な降下率の増加、または過大な追い風成分の増加が検知されると、警報を発するウィンドシア検知装置 Wind shear detection system を装備している機種では、これにより検知することができる。また、機上気象レーダーによる反射波のドップラー効果を利用して雨滴などの速度を測定し、この速度差を気流の動きとして解析することにより、離着陸時に前方のウィンドシアを検知して警報を発するウィンドシア予報装置 Predictive Wind shear System：PWS を装備している機種では、これにより検知することができるが、レーダーの反射波を利用しているため、反射物体（雨滴など）を伴わないウィンドシアに対しては作動せず、また垂直流は直接検知できないなどの限界がある。

5・5　ウィンドシアへの備え

7節の事例であげているように、民間航空機の性能を超える強いウィンドシアが存在し、低高度でこのようなウィンドシアに遭遇すると、危険な状況に陥る可能性がある。ウィンドシアやダウンバーストが予想される気象条件下での離着陸の実施は慎重に検討されるべきであり、必要ならば、離着陸を遅らせる。

1）離陸

使用できる最大の離陸推力を用いる。

ウィンドシアに遭遇することが予想される場合は、最大離陸重量に対応する V_R まで加速してローテーションを開始する。ただし、速度増加分は、20kt 増しを最大とし、ウィンドシアの位置、浮揚 Lift off 後の障害物 Obstacle の存在も考慮して決定する。この速度の増加分は、ウィンドシアに対する余裕となり、通常の離陸上昇時の目標ピッチ姿勢まで機首上げし、それを保持していれば、徐々に通常の上昇速度に減少してくる。

2）進入・着陸

ウィンドシアの存在を認識しやすくするために、対地高度 1,000ft までに定められた諸元に安定

させ、安定した進入 Stabilized approach を行う。

着陸する滑走路の長さが十分であり、進入中に IAS の減少が予想される場合は、V_{REF} に 20kt を超えない範囲で速度を加え、目標速度 Target speed とする。この速度増加分をフレア Flare 開始まで維持するが、このときフローティングしないように操縦する。ただし予想に反して、速度増加分を保持したままヘッドウィンドシアに遭遇した場合は、過大な進入速度のため着陸する滑走路の長さが不十分となり、着陸復行を実施せざるを得なくなる可能性が生じる。過大な速度による着陸距離の延びについては第1章5節3項を参照されたい。

速度が増加して、あるいは定められた降下経路より高くなって元に戻すとき、推力の減少はできるだけ小さくする。これは次にテールウィンドシアに遭遇した場合、速度の余裕を持つことができ、また推力を増加させるとき、必要な推力に早く達するからである。

使用するフラップ位置は、小さいフラップ角の方が必要推力が小さくなるため余剰推力が大きくなるので、速度が減少したときや定められた降下経路より低くなったとき、また着陸復行するときは有利であるが、一方、着陸したときは、大きいフラップ角の方が着陸距離は短くなる。このため、フラップ位置については慎重に決定する必要がある。

風向が大きく変動する強い横風のなかを進入するとき、風向によって向い風成分が生じたり、追い風成分が生じたりするので、前後方向のウィンドシアに遭遇したのと同様の状態になることに注意する。

進入・着陸の際、自動操縦装置やフライトディレクター Flight director、および自動推力調整装置をできるだけ使用すれば、パイロットの作業負荷を下げられるので、関連する計器と天候のモニターに時間を振り向けることができる。ただし、その作動を過信してはならない。

5・6　遭遇したときの回復操作

過去の事例によれば、対地 1,000ft 以下の高度で強いウィンドシアに遭遇したとき、数秒以内に垂直方向の飛行経路の変化を認知して対処を始めないと、安全に飛行を続けることができない。またこのとき、通常とは大きく異なる機体の姿勢と操縦力が必要となることがある。

回復操作の基礎は、ピッチ姿勢をコントロールすることと必要な推力を使用することである。低高度における揚力低下に対して、揚力を確保して高度低下を極少するために、速度から成る運動エネルギーを高度から成る位置エネルギーに変換する。すなわち、速度の減少と引き換えにピッチ角を増加させて揚力を増やす（第2章2節2項参照）。標準海面上においては、対地速度：G/S 10kt の速度を減少させたとき、（その時の G/S－20）ft 程度の高度が獲得できる。ウィンドシアによる事故 Accident の分析では、進入中ならば V_{REF}、離陸中ならば V_2 を保持していたのでは墜落に至る場合でも、速度を失速警報作動速度 V_{SS} 近くまで下げ、速度を高度に変換することにより機体は飛行可能であったと考えられる事例が多い。T 類の飛行機では、V_{SS} でも 1,500ft/min 程度の上昇率を得ることができる。ただし、離陸時や進入時のように機体が低速のときは、速度がバックサイド領域に入る可能性が高く、その場合エネルギーの変換は不可能となり、飛行経路角の改善を持続させるためには

大きい推力が必要となる。最大限の推力の使用とともにピッチ姿勢をコントロールすることで、機体は最大の性能を発揮する。

1) 離陸滑走

離陸滑走中 V_1 以降にテールウィンドシアに遭遇し、V_R に達しない場合、あるいは V_R 近辺で IAS が急激に減少した場合、推力を定格最大離陸推力まで増加させ、それでも機体の安全が確保できないときは、推力レバーを最前方まで進める。その後、安全が確実になったら、エンジンのパラメーターが運転限界内に入る推力まで減少させる。またこのとき、所定の速度が得られなくても、滑走路末端より少なくとも 2,000 ft 手前に達するまでにローテーションを開始する。

2) 離陸上昇、進入

推力を定格最大推力まで増加させる。それでも障害物などとの接触が避けられないときは、推力レバーを最前方まで進め、その後、機体の安全が確実になったら、エンジンのパラメーターが運転限界内に入る推力まで減少させる。

障害物などとの間隔が十分でないときは、ピッチ姿勢をピッチ角 15° まで徐々に増加させる。ただし、15° に達する前に失速警報装置が作動したら、断続的に失速警報装置が作動するときのピッチ角を限界とし、それを維持する。強いウィンドシアでは、15° に達する前に失速警報装置が作動することがある。その後、失速警報が止まったら、ただちに 15° までピッチ角を増加させる。ピッチ角を 15° にしても高度の減少が止まらない場合、あるいは垂直飛行経路に改善がない場合は、ピッチ姿勢を少しずつ円滑に失速警報装置が作動するピッチ角まで増加させる。機体が上昇し、障害物などとの間隔が確保できたら、注意しながらピッチ角を減らし、IAS を増加させる。失速警報装置が作動し始めるピッチ角を大きく通り越さないようにするため、ピッチ姿勢のコントロールは円滑かつ着実に行うことが大切である。

回復操作中、フラップ位置および着陸装置の形態は変更しない。前述のとおり、フラップ位置の違いによる性能の差は小さい。着陸装置にギアドアが取り付けられている機種では、着陸装置が引き込まれるとき、このドアが最初に開く。そのとき、上昇性能が悪化する。また、やむを得ず不時着するとき、着陸装置が下りている方が機体の損傷が少ない。

推力を大きく変化させたとき以外は、トリムの変更を行わない。

ウィンドシアにおける回復操作のための操縦・ガイダンス機能を有する自動操縦装置やフライトディレクターが装備されていれば、それを作動させて指示に従う。この機能は、離陸あるいは着陸復行を行ったときウィンドシアに遭遇し、定められた上昇率が得られない場合、できるだけ高度を失わないで通過できるようピッチ姿勢の操縦（自動操縦装置）および指示（フライトディレクター）を行い、また推力を使用可能な最大推力まで増加させる。このときのピッチ姿勢は、15° または失速警報が始まるピッチ角よりやや低いピッチ角のどちらか低い方になる。その後、一定の上昇率が得られれば、通常の上昇と同様になる。

5・7　事例

1) イースタン航空 B727（ニューヨーク　ジョン・F・ケネディ国際空港 1975 年 6 月 24 日）

この事故は、藤田哲也シカゴ大学教授（当時）が気象解析を行い、原因は激しい下降気流であったことを発見して、ダウンバーストと名付けたことで有名である。NTSB の報告によると、同機は、ケネディ空港付近に雷雲が存在する気象状態のなか、滑走路 22L に ILS 進入していた。当時空港には、事故の 20 分前から三つのマイクロバーストが連続して来襲しており、その三つ目に遭遇した当該機は、次のような影響を受けた。対地高度 600～500ft の間に約 15kt の向い風成分が増加した。500ft 付近で約 960ft/min の下降流を受け、500ft～400ft の間に約 5kt の向い風成分が減少した。400ft で下降流が約 1,260ft/min に増加し、4 秒後に約 15kt の向い風成分が減少した。この強い下降流と向い風の急減により、機体は異常な降下率で降下経路の下側に沈み、滑走路末端から 2,400ft 手前付近に墜落した。事故後の模擬飛行装置 Simulator を使用した検証の結果、着陸前でも飛行計器の指示にもっと気を配っていれば、より早期に回復操作を開始できたと思われること、およびピッチ角を 9° 以上の機首上げにして推力を適切に加えれば、墜落には至らなかった可能性があることが結論とされている。

2）デルタ航空 L-1011（ダラス　ダラス・フォート・ワース国際空港 1985 年 8 月 2 日）

同機は、雷鳴と電光が走る雷雲のなかを滑走路 17L に ILS 進入を開始し、激しい雷雨を通過中マイクロバーストに遭遇して、滑走路末端から約 6,300ft 手前に接地した後、機体は分解した。NTSB の報告によると、遭遇したマイクロバーストの水平方向のウィンドシアは少なくとも 73kt、上昇流と下降流の最大はそれぞれ 1,500ft/min と 2,900ft/min であった。パイロットはマイクロバーストに遭遇したとき、ピッチ角を 15° 以上の機首上げ姿勢まで引き起こし、推力をほぼ離陸推力まで加えることによって最初の部分を乗り切った。その後、機体は水平および垂直方向の風の急激な反転に遭遇し、失速警報が発生した。接地の 8 秒前、着陸復行の実施を促す対地接近警報装置 GPWS：Ground Proximity Warning System（第 7 章 3 節参照）が作動し、着陸復行が開始された。パイロットは、地表との接地を避けようとして操縦桿を引いたが、このとき失速警報装置が一時的に作動したため、引く力を緩めてしまった。この結果、機体は緩やかに接地してしまったが、引く力をあまり緩めなければ、接地は避けられる可能性があった。

3）イースタン航空 B727（アトランタ　アトランタ空港　1979 年あるいは 1980 年詳細不明）

同機は、副操縦士が操縦を担当し、アトランタ空港において ILS 進入の最終降下経路を飛行中、対地高度 1,000ft で水平および垂直方向のウィンドシアを伴った局地的な強い雨と揺れに遭遇した。このとき、IAS は 135kt から約 120kt まで減少し、次に 140kt まで増加し、数秒後 108～110kt へ減少した。また、降下率が 1,000ft/min に増加するのに気づいたので、着陸復行を決意し、800ft でピッチ角を機首上げ 10° まで引き起こし、推力を着陸復行推力まで増加させたが、機体は上昇せず、降下率は 1,500ft/min から 2,000ft/min へと増加していった。副操縦士は、さらに機首上げ 15° まで引き起こし、推力レバーを最前方まで押し出したが、それでも機体の沈みは止まらず 500～600ft に降下したとき、IAS は 105～110kt に減少して失速警報が発生し、ほぼ同時に GPWS も作動した。副操縦士はピッチ角を 15° から 12° に下げたため、失速警報は止まったが、機長は再び機首上げするよう指示し、ピッチ角は大きくなり、失速警報は続いた。機体は、滑走路端 2.5NM、対地高度 375ft で加速し始め、降下は止まり、上昇を始

めたので、通常の着陸復行の手順に移行した。

4）パンアメリカン航空B727（ニューオリンズ　ニューオリンズ国際空港　1982年7月9日）

　同機は、並程度の降雨があり、風向不定の突風を伴った風が吹いているなか、ラスベガスに向けて滑走路10から離陸を開始した。飛行データ記録装置FDRの解析によると、風は、離陸滑走開始から脚上げまでは約10ktの向い風であり、滑走中雨は激しくなったが、離陸は正常に行われた。その後、向い風成分は減少し始め、対地高度140ft付近で追い風となって増加し始め、また脚上げ1秒後の50ftで下降流が現れ、徐々に増加して150ftで450ft/minとなった。このため、IASはV$_2$−10kt近くまで下がり、ピッチ角は12°機首上げから5°に下がった。この間、機体は約150ftまで上昇した後、降下し始めて130ftからは追い風成分が約28ktとなり、降下率は1,200ft/minとなって約85ftでGPWSが作動した。この警報が発せられたときには、パイロットは既に降下に反応して機首を上げていたが、機体は警報の3秒後に接地した後、墜落炎上した。原因は、マイクロバーストによるものと推定された。

5）コンティネンタル航空B727（トゥーソン　トゥーソン国際空港　1977年6月3日）

　同機は、砂じん嵐Dust stormが通過した後、小雨と突風を伴った風のなか、フェニックスに向けて滑走路21から離陸を開始した。機体に作用したと推定される水平風は、離陸滑走開始時には40ktの向い風成分があったが、滑走路の中央付近で0となり、浮揚するまでは平均5ktの追い風へと変化した。このため、V$_R$で機体をピッチ角約11°機首上げまで引き起こしたが、浮揚しないので、ピッチ角を13°まで増加させた。ようやく上昇した後、前方の送電線に気づいたが、IASがV$_2$を下回りそうになってきたため機首を下げた。その結果、機体は滑走路の先710ftにある対地高度39ftの電柱に衝突したが、飛行は可能で出発地に緊急着陸した。この間、追い風は、浮揚後から約4.5kt/secずつ増大しており、電柱に衝突したときは28ktになっていた。事故後の研究によると、前方の障害物に気づいた時点から13°機首上げ姿勢を保持していれば、障害物の20ft上空をIAS 128ktで通過することができた（128ktはV$_2$−10kt、失速警報作動速度V$_{SS}$は115kt）。原因は、雷雲によるガストフロントに遭遇したためと推定された。

第6章　後方乱気流

6・1　翼端渦

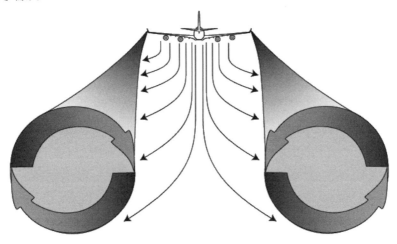

図6.1

図6.2に示すように、主翼が揚力を発生するとき、翼の周りの気流は翼の後縁から薄い渦の層となって流出する。また、翼の下面は上面より圧力が高いので、下面の空気は翼端を回って上面に出ようとするため、翼端を回り込む比較的強い渦が発生する。翼の後縁から流出した薄い渦の層は、この翼端に発生した渦に巻き込まれて主翼の翼幅Spanの2倍〜4倍ほど後方で互いに逆向きに回転する左右一対の渦として収束し、主翼の後方から飛行機の航跡に沿って流れる。この一対の渦を翼端渦 Tip vortex といい（図6.1参照）、大型機による実験では、翼幅よりやや狭い間隔で並んでいるのが観察された。同様の渦は後縁フラップなどの高揚力装置を展開すると、その端部でも発生する。翼端渦は、良く知られているように、翼に生じる誘導抗力の発生原因である。図6.3に示すように、渦流は中心域と周辺域から成り、回転速度が最大となるのは中心部の外周で、流速が 5,000ft/min

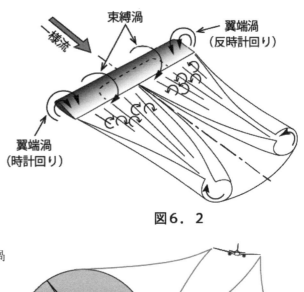

図6.2

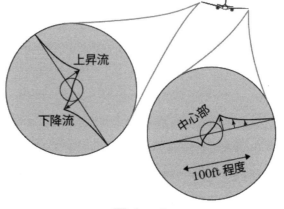

図6.3

75

を超える強いものも観測されており、周辺域で回転速度は次第に弱まっていく。また、一対の翼端渦の中間部には、強い下降流が存在する。後方乱気流 Wake turbulence は、これらの渦流によって飛行機の後方に生じる乱気流であり、航空機に揚力が作用しているときに発生するものである。

6・2　後方乱気流の強さ

　上述のように後方乱気流の強さとは翼端渦の強さであるから、その強さは、翼端渦を生成する飛行機の重量、飛行速度、主翼の翼幅、高揚力装置の形態、空気密度に依存し、一般に次のようになる。

・機体の重量が大きいほど、また速度が小さいほど強くなる。同一の機体であれば、翼が大きな揚力係数 C_L を必要とする状態のときに強くなる。
・翼幅が小さいと、強くなる。
・後縁フラップを展開すると、その端から発生した渦が翼端渦と後流中で干渉するため、弱くなる。
・重量、速度が同一ならば、空気密度が小さいほど強くなる。

　大型機は、翼幅は大きいものの重量が重い方の効果が大きいので、後方乱気流は強くなる。宇宙航空研究開発機構：JAXA による観測結果から得られた計算式では、最大離陸重量において、B747 級の機体が発生する後方乱気流の強さは、B737 級の機体の 2 倍になる。また、低速のときはフラップを展開するが、この効果より低速の方の効果が大きいので後方乱気流は強くなる。一方、高い高度で巡航しているときは、速度は大きくなるが空気密度が小さくなるので、離陸、進入・着陸時に匹敵する強さの後方乱気流が発生し、また後方乱気流を発生する機体との距離が比較的大きくても、高速なので時間の間隔は短くなるため、後方乱気流が減衰する前に遭遇する可能性がある。このように、一般に後方乱気流は、機体が大重量・低速・クリーン形態 heavy-slow-clean のときに強くなるが、大型機は、巡航時でも、離着陸時でも強い後方乱気流を発生する。ウィングレット Winglet などには、特に巡航時に翼端渦を弱めて誘導抗力を低減させる効果があるが、現在までの研究によると、進入・着陸時では、装備している機体と装備していない機体との間に、後方乱気流の強さに差は認められない。

6・3　後方乱気流の持続性

　後方乱気流は、発生から、次のような過程をたどって時間の経過とともに次第に減衰して消滅する。渦が形成されているところでは、渦が強いので渦流の中心軸近くの静圧は低いが、後方に流されるにつれ渦は弱くなるので、軸近くの静圧は高くなる。そのため、中心軸に沿った流れは逆圧力勾配の状態となり、これに打ち勝って流れることができなくなると、渦は不安定になって徐々に減衰し、その後、一対の渦は互いに干渉して急速に減衰し、消滅する。

　後方乱気流の消滅までの持続時間は大気状態に影響を受け、大気の乱れは減衰を速める。すなわち、静穏な大気の方が持続時間が長くなる。また、下述のように、渦は形成されたところから後方に

流れるにつれ沈降し、その結果、外気圧が高くなり、渦が圧縮されて渦内の温度が上昇する。このとき、外気温度の高度に対する変化率が、渦が沈降せず、ほぼ一定の高度を保つような状態（中立安定）であると、持続時間は長くなる。後方乱気流の持続時間は、通常の大気状態ならば 130 秒程度、減衰が遅い大気状態では 160 秒を超えることもある。地上付近では、さらに風の影響も受ける。B767 による着陸時の後流渦と地上風との関係を調べたところ、最も持続時間が長いものは、3〜5kt の横風のときに発生し、その時間は 85 秒以上で、横風が 5〜10kt のときは 35 秒以上であった。その理由は、渦の外周部の流速は頂部の方が底部より大きく、また横風の風上側の翼で発生する渦の頂部の接線速度に横風の風速が加わり、渦の回転を維持するように働いて持続時間が長くなるが、風速が大きくなると、大気の静穏な状態が乱されることになり、こちらの影響の方が強くなるからと考えられる。

6・4　後方乱気流の動き

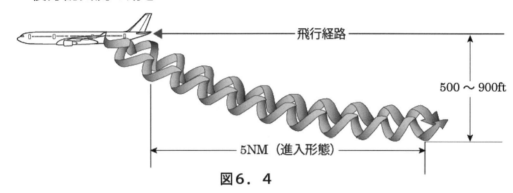

図6.4

　垂直方向には、通常、一対の渦流により生成された下降流によって沈降する。図 6.4 は大型機の例である。この図から分かるように、精密進入を行っているとき、大型機のパイロットは、後続機が渦流に遭遇する可能性を低減させるため、できる限り定められた進入経路（ILS 進入ならばグライドスロープ）より高くならないように正確に経路を降下し、進入・着陸することが重要である。ただし、地表面の加熱や地形の影響による上昇気流によって上昇することもある。飛行試験によると、地表からある程度の以上の高度では、後方乱気流の降下率は渦流が強いほど大きく、大型機で数百 ft/min であるが、徐々に降下は緩やかになり、上述の時間が経過すると減衰して消滅するので、1,000ft を超えて降下することはほとんどない。ただし、特に巡航時において、B747 や A380 のような機種では降下率が 1,000ft/min を超えることもあり、持続時間が長くなる大気状態のときは、1,000ft を超えて降下することもある。一方、地表付近では地面に当たり、また上空では強い逆転層に当たって跳ね返り、上昇することもあり、高高度では、稀に、外気温度の変化率と上昇気流によって後方乱気流が上昇し、上空の圏界面まで到達することもある。

　横方向には、一般に、その高度の風と共に移動する。図 6.5 のように、地表付近では、渦流が沈降して地面から高さ 200〜100ft（後方乱気流を発生する機体の主翼の翼幅の 1.2 倍程度）以下になると、沈降は翼幅の 1/2〜1/3 の高さで止まり、下降流を含む渦流自身により生じた横風によって、その高さを 2〜3kt の早さで、互いに遠ざかるように左右に移動する。後流は、これ以下の高さでは完

全な渦とならなくなる。地上風が横風の場合、風の影響により風上側の渦の移動は減少し、風下側の渦の移動は増大する。このため、弱風で横風成分が5kt以下程度であると、風上側の渦流は、それを生成した先行機の航跡上に移動して使用滑走路の接地点付近に長く滞留し、風下側の渦流は、その滑走路から風下へ流れ去り、隣に滑走路があれば、その滑走路の離着陸に影響を及ぼすことがある。同様に、追い風は先行機の渦流を最終進入経路と接地点に前進させる。従って、斜め後方からの弱い風のとき、渦流が最終進入経路と接地点に沿って残っている可能性が最も高くなる。(図6.6、6.7参照)

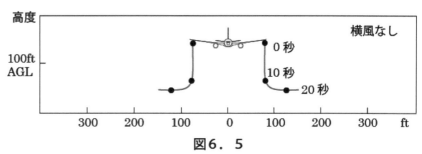

図6.5

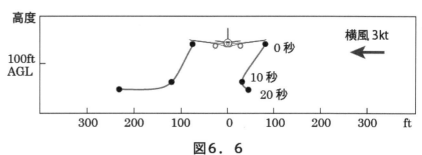

図6.6

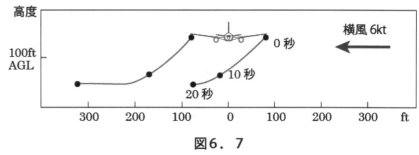

図6.7

6・5　後方乱気流に遭遇した機体の挙動

　航空機が後方乱気流に遭遇したときの機体の応答特性による運動は、後方乱気流のどこを飛行しているかによって異なる。

1）後方乱気流を生成した先行機と同方向に、渦流の中心近傍を飛行した場合

　渦によって誘起された横揺れモーメント Rolling moment により、機体のバンク角が変動する。この横揺れモーメントにより生ずる後続機のロール率（ロール角速度）Roll rate は、強さが同じ渦ならば、その機体の主翼の翼幅が小さいほど著しく大きくなり、また機体の重量（厳密には翼面荷重）が小さいほど大きくなる。遭遇した機体の主翼とエルロンが、この渦の流れの場の外側

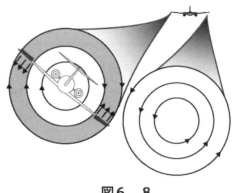

図6.8

78

にまで伸びていれば、ロールに対応する操縦は有効となり、バンク角変動を小さくできる。一方、図 6.8 のように、翼幅が小さい機体では、ビジネスジェットのような高性能機であっても、ロール率が大きくなることも影響して、横揺れモーメントに対抗し、ロールをコントロールするのはかなり困難になる。

　JAXA で行われた計算によると、B747 級の飛行機が生成した後方乱気流に 2 分の間隔を置いて B767 級の後続機が遭遇したとき、かなり強いロールが生じる領域は渦流の中心近傍の数十 m であり、左主翼で生成された右バンク変動が生じる領域の両側に隣接して、左バンク変動が生じる領域が、また右主翼で生成された左バンク変動が生じる領域の両側に隣接して、右バンク変動が生じる領域が発生する。従って、渦流遭遇時にロールによって機体が水平方向に流されると、それまでのバンク角変動と反対のバンク角変動を生じる領域に入る可能性がある。

２）後方乱気流を生成した先行機と同方向に、一対の渦流の中間を飛行した場合

　　強い下降流により、高度が低下する。先行機が B747 級の機体の場合、2 分の間隔があっても、その強さは 1,000ft/min 程度の降下速度となることがある。

３）後方乱気流を生成した先行機と直交する方向に、一対の渦流を横切って飛行した場合

　　短時間に上昇・下降流が変化するため、垂直加速度の変動が生じる。高度 5,000ft において、速度 250kt で横切ったとき、先行機が B747 級の機体の場合、2 分の間隔があっても、機体には、±0.5G 程度の垂直加速度の変動が生じることがある。これは、ICAO によるタービュランスの強度の分類で中程度の揺れ Moderate に相当する。

6・6　後方乱気流の回避

　後方乱気流回避のため上述に基づいて、ICAO は、航空機を最大離陸重量によって三つに区分して管制間隔の基準を設定しており、その区分は、①ヘビーHeavy：　300,000lb(136t)以上、②ミディアム Medium：15,500lb(7t)超～300,000lb 未満、③ライト Light：15,500lb 以下である。なお、スーパーSuper はヘビーを超える航空機で、A380 とアントノフ AN225 が該当する。また B757 は、先行機ならばヘビー、後続機ならばミディアムとして扱われる。この基準では、後方乱気流が消滅し始めるまでの時間だけでなく、後続機の飛行経路より下方に沈降し始める時間も考慮されており、管制機関は、この基準により先行機と後続機との間に 2 分～4 分（先行機および自機が適用される重量区分による）の間隔を設定する。これは、パイロット側の離着陸前の目安にもなる。レーダー管制間隔が適用できる場合は、一般にレーダーサイトからの距離が 40NM 未満なので 3NM が適用されるが、これに加えて、後方乱気流間隔として**表 6.1** の値が適用される。

表 6.1

レーダー管制間隔		後続機			
		スーパー	ヘビー	ミディアム	ライト
先行機	スーパー		6NM	7NM	8NM
	ヘビー		4NM	5NM	6NM
	ミディアム				5NM

飛行中、特に有視界飛行を行っているときは、後方乱気流を回避するのはパイロットの責任であり、後方乱気流が存在する確率が高い領域および回避要領については、AIM-J：Aeronautical Information Manual Japan あるいは FAA Advisory Circular 90-23G に詳しく解説されている。要約すると、大型機の後方で離陸を行うときは、先行機の後方乱気流はローテーション地点付近から発生するので、その地点の手前で浮揚する、着陸を行うときは、先行機の後方乱気流は接地点を過ぎるとほぼ消滅するので、必要着陸滑走路長に問題がなければ、先行機の接地点より滑走路の内側に接地する、平行滑走路がある場合は、風上側の滑走路を使用する、などが基本となる。なお、米国および欧州の航空当局は、航空交通の効率性および安全性向上のため、Re-categorization：RECAT と呼ばれる新しい後方乱気流方式を ICAO に提案している。これは、現基準の算定基礎となっている最大離陸重量に加えて、主翼翼幅、最終進入速度、機体の横揺れへの対応性に基づく後方乱気流間隔を設定しようというものである。

　巡航時に短縮垂直間隔運航 Reduced Vertical Separation Minimum：RVSM operation を行っているときには注意すべき点がある。RVSM 運航は、巡航で利用される高高度の定められた空域において、垂直間隔を、通常の 2,000ft から 1,000ft に短縮して行う運航であり、定められた装備・条件に適合した機体相互間に 1,000ft の垂直間隔が適用される。RVSM 運航を行っているとき、B747 級以上の機体から生成された渦流は、4 節で述べたように 1,000ft を超えて降下することがあるので、下方の飛行機は後方乱気流に遭遇することがある。このため、洋上において RVSM 運航を行っている飛行機は、オフセット Offset 飛行を自動的に行うことができる機能があれば、後方乱気流を回避するために、定められた飛行経路の中心線から多少の距離を限度としてオフセット飛行することが認められている。この場合、風上側へのオフセットが望ましい。

6・7　後方乱気流に遭遇したときの回復操作

　低高度で後方乱気流に遭遇したとき、機体の姿勢を立て直して安全に着陸するために許容されるバンク角変動について、バンク角と最低許容高度の関係を測定する実験が、有視界気象状態 Visual meteorological condition：VMC および計器気象状態 Instrument meteorological condition：IMC に分けて、シミュレーターを使用して実施された。それによると、VMC において、姿勢回復可能な最低許容高度は 100ft で、バンク角は 6〜8° となり、IMC においては、最低許容高度は 200ft で、バンク角は 7° となった。この高度の違いは、フレア開始までの、パイロットが状況を認識するために必要な時間の差である。これより低高度で遭遇した場合は、回復操作が困難になるばかりか、状況によっては着陸復行する余裕もなくなり、落着 Hard landing に至ったという事例もある。

　後方乱気流による影響は、一時的なものであり、適切な操作を行えば回復することができる。過去の事故および重要事象 Incident では、後方乱気流に遭遇して通常と異なる飛行姿勢になったとき、その状態を悪化させるような対処操作が原因になっていることが多い。例えば、5 節で述べたように、主翼で生成された渦流遭遇時のロールによって機体が水平方向に流されると、それまでのバンク角変動と反対のバンク角変動を生じる領域に入る可能性があり、最初に生じたバンク角変動に対抗した操舵が大きいと、水平に流された後に生じる反対方向のバンク角変動が重なって非常に大き

なバンク角変動になってしまい、ロールアップセット（第8章参照）に陥る可能性がある。このような状態になることを避けるため、パイロットは操舵する際、エルロンとラダーの操舵が急激にならないように注意深く行うべきである。ラダーについては、急激にロールしたとき、バンク角変動に対抗してラダーを使用すると、その量によっては望ましくない機体の応答運動を招くことがある。特に大型機では、過大かつ過剰なラダーペダルの操作によって、尾翼部分の構造強度限界を超える荷重をかける可能性がある。これは次のような過程で生じる。ラダーを操舵することにより機体には、偏揺れ Yawing と横揺れ Rolling が生じる。例えば、図 6.9(a) のように左ラダーを使うと、ラダーは機体の縦(前後)軸より上方に取り付けられているため、ラダーによって垂直尾翼に働く横力により最初右に横揺れする（ラダーのエルロン効果という）が、右主翼が前方に出ることにより揚力が増加するので、その後左に横揺れし、それが継続する。このため、横揺れをラダーの操舵によって抑えようとすると、感覚的に混乱することがあるので注意しなければならない。また、パイロットのラダー操舵が大きくなるほど、大きな横滑り角 Sideslip angle が生じ、その結果、大きな横揺れが生じる。大きく急激なラダー操舵は、ゆっくり操舵し維持したときに生じる横滑り角より大きな横滑り角を生じ、この過大な偏揺れはロール率を増大させる。この急激な横揺れに反対側のラダーを使って対処すると、偏揺れと横揺れは大きな振幅で振動することになる。このようなラダーの踏み替えの繰り返しによる連続した過大な偏揺れによって生じる横滑り角は、一方向への急激なラダー操舵によるものより大きくなる。図 6.9(a) のように左ラダーを使うと、ラダーによる垂直安定板 Vertical fin に働く横力に対し、横滑り角による相対風によって生じる垂直安定板に働く横力は反対方向になるので、垂直安定板の荷重は軽減される。しかし、図 6.9(b) に示すように、この右への横滑りの過程でラダーを大きく急激に右へ踏み替えると、横滑り角によって生じる横力に、ラダーによって生じる横力が加わり、垂直安定板に大きな荷重がかかって構造設計上の制限荷重や終極荷重を超える可能性があり、設計運動速度 V_A 以下で飛行していても、このような交互に繰り返す最大操舵を行うと、機体構造は破壊に至ることがある。

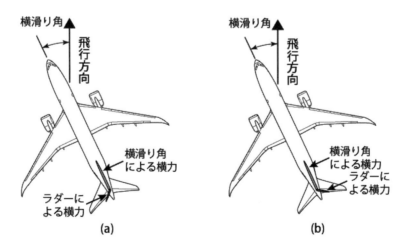

図6．9

以上述べたことから、高度と状況が許すならば、渦流に入っている間、機体の姿勢を過剰にコントロールしてしまうよりも、むしろ機体が渦流を通過するに任せ、その後、機体の姿勢の回復操作を行う方が良い。また、自動操縦装置を使用していて引き続き使用できるならば、自動操縦装置を外して手動で操縦するより自動操縦装置に回復操作を任せる方が良い。ただし、自動操縦装置が外れてしまったとき、手動で機体の姿勢をコントロールできるように常に備えておかなければならない。

6・8　事例

1）アメリカン航空 A300-600（ニューヨーク　ジョン・F・ケネディ国際空港　2001 年 11 月 12 日）

　同機は、先行した B747 から 1 分 40 秒ほどの間隔を空けて、同じ滑走路から離陸し、離陸上昇中に 2 回の後方乱気流に遭遇して墜落した。管制機関は、両機の間に定められた後方乱気流管制間隔を設定していた。NTSB の調査によると、墜落原因は垂直尾翼が機体から分離し、操縦不能となったためで、垂直尾翼分離前に機体には左右に振幅をもつ横滑りが発生し、横滑り角は左 4°→右 1°→左 7°→右 12°と振動しており、この結果、終極荷重を上回る制限荷重の 2 倍の荷重がかかり、垂直安定板根元に発生した過大な曲げモーメントによって垂直尾翼が分離した。垂直尾翼を分離させるような機体の過大な横滑りの振幅は、後方乱気流の直接の影響ではなく、後方乱気流に遭遇したときのパイロットの過大なラダーペダル操作によって生じたものと結論されている。

2）エア・カナダ A319　（シアトル航空路管制センター管制空域　2008 年 1 月 10 日）

　同機は、フライトレベル FL350 から FL370 に上昇中、10.7NM 先行する B747 による後方乱気流に遭遇し、乗客・乗員に負傷者が出たため、カナダのカルガリー空港に緊急着陸した。カナダ運輸安全委員会で行われた飛行データ記録装置 FDR の解析によると、後方乱気流内で、機体は数回横揺れし、また垂直方向の荷重倍数は正・負に振動し、高度を 1,000ft ほど失った。後方乱気流に遭遇したとき自動操縦装置を使用していたが、3 秒後に解除されて手動操縦に移行し、その後の 15 秒間で、大きなエレベーターとエルロンの操舵が繰り返され、左右のラダーの踏み替えが数回行われた。これらの操作の結果、左右の横揺れが続き、バンク角は最大で 55°に達した。また、横方向と垂直方向の加速度も振動し、横の荷重倍数の振幅は −0.46 G 〜+0.49 G、垂直の荷重倍数の振幅は −0.76 G 〜+1.57 G となり、垂直安定板にかかった荷重は、設計限界より 29%大きくなった。

3）リージョナルエクスプレス SAAB 340B（シドニー　シドニー国際空港　2008 年 11 月 3 日）

　同機は、滑走路 34R に最終進入中、滑走路の手前 7NM（高度約 2,400ft）で、滑走路 34L に平行進入中の A380 の後方乱気流に遭遇して一時的に機体のコントロールを失い、乗客が軽傷を負った。オーストラリア運輸安全局の調査によると、この時 A380 は、滑走路 34L の手前 3.7NM の地点を通過しており、同機の左前方の位置を飛行していた。また高度 2,400ft の風は、風向 246°、風速 35kt で、左からの横風であった。機体は、後方乱気流内で、最初バンク角が左へ 52°変動し、同時に 8°機首が下がった。その直後、逆方向の横揺れにより水平姿勢を通り過ぎ、

バンク角が右21°となり、300〜400ftの高度を失った。後方乱気流遭遇以前、自動操縦装置は使用されていたが、機体の姿勢変動が大きいので、自動操縦装置はパイロットによって解除され、その後、着陸まで手動操縦で飛行した。

4）読売新聞社　セスナ560サイテーションⅤ（東京　東京国際空港(羽田) 2006年6月30日）

同機は、滑走路16Lに進入中、空港の東約8.5NMの地点（JONANポイントの1.8NM手前）、高度約2,000ftにおいて、先行するB747-400Dの航跡の僅かに北東で後方乱気流に遭遇し、垂直加速度の変動により、機体は上下動して搭乗者が重傷を負った。運輸安全委員会の調査によれば、タワーに管制移管された時点では、先行機（ヘビー）・後続機（ミディアム）に対する後方乱気流間隔基準5NMが保たれていたが、その後、先行機が減速したため、遭遇時点では約4.6NMに減少しており、また先行機はこの地点を高度約2,200ftで通過していた。このときの高度2,200ftの風は、風向230°、風速26ktであった。なお、先々行機のB767-300から発生した後方乱気流も影響した可能性がある。

第7章　飛行計器の不具合

7・1　ピトー静圧系統関係計器

ピトー静圧系統 Pitot/Static system に関わる計器(以下、飛行計器という)には、対気速度計 ASI、気圧高度計 ALT、昇降計 VSI がある。この他、ピトー静圧系統に関わる計器ではないが、操縦に重要な計器として姿勢指示計 ADI がある。なお、ピトー管 Pitot tube と静圧孔 Static port は、それぞれ機体の別の個所に取り付けられている機種とピトー管と静圧孔が一体となったピトースタティック管 Pitot-static tube を用いている機種がある。

図 7.1 は、在来型の飛行計器系統の例であり、操縦席の左席と右席用に分離された左右のピトー管から得られる全圧 P_t と静圧孔から得られる静圧 P_s 情報を直接に受けて作動する。姿勢指示計には、バーティカルジャイロ Vertical gyro：VG からの機体姿勢信号が供給される。図 7.2 に描かれている姿勢指示計を含むスタンバイ系統と同じものが装備されている機種もあり、その場合、スタンバイ用の対気速度計と気圧高度計に用いる圧力情報を得るための補助ピトー管と静圧孔も装備されている。また STBY ADI は独自の VG で作動する。低亜音速小型機では、一般にピトー静圧系統は一系統で、通常の静圧孔が閉塞した時に使用する代替静圧系統 Alternate static system が装備されている。

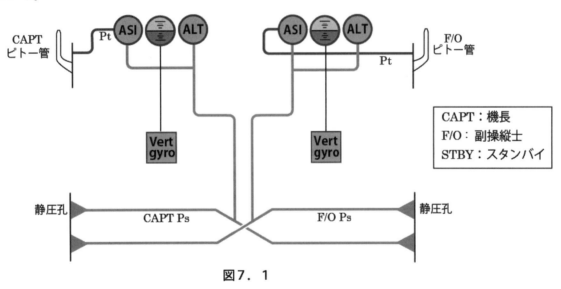

図7．1

図 7.2 は、次世代のものの例である。ピトー管および静圧孔から得られる圧力情報は、飛行情報処理用のエアデータコンピューター Central air data computer：CADC で処理され、静圧の位置誤差 Position error などが補正されてそれぞれの計器に表示される。CADC は冗長性 Redundancy 向上のため多重装備され、状況に応じて、情報源となる CADC を切り換えることができる。姿勢指示計には、機体の姿勢信号が慣性航法装置 Inertial Navigation System：INS などから供給される。昇降計は、在来型のように静圧の変化率により上昇・降下率を表示するタイプのものと、INS などの加

速度計Accelerometerから得られる加速度を計測することで表示するタイプのものがある。

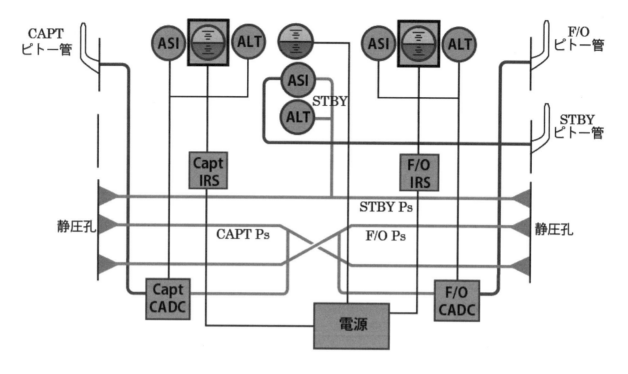

図7．2

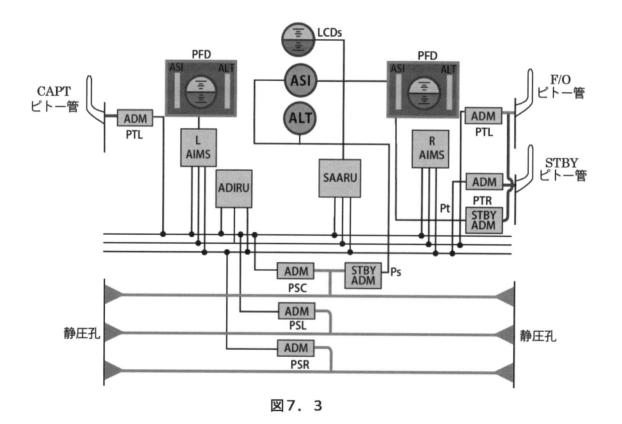

図7．3

図 7.3 は、最新の世代のものの例である。ピトー管および静圧孔から得られる圧力情報は、エアデータモジュール ADM でデジタル信号に変換されて Air Data Inertial Reference Unit：ADIRU に送られる。ADIRU は、慣性基準装置 IRS とエアデータコンピューターを一つのユニットに統合したものであり、その内部にある加速度計などの信号と ADM などからの信号を基に、速度、高度、温度、機体の姿勢、位置などを指示するように処理した後、姿勢指示計を含むそれぞれの計器に供給する。ADIRU 内には複数のプロセッサーが装備され、1 系統が故障しても残りで通常に作動し、また ADIRU が完全に故障した場合に備えて、スタンバイ用も装備されている。昇降計は、IRS などの加速度計から供給される信号で作動する。

7・2　誤指示の原因と現象

飛行計器の不具合 Failure や誤指示 Erroneous indication の原因には、次のようなものがある。

- ・ピトー静圧系統の凍結や閉塞

  ピトー管カバーの外し忘れ、ピトー管内に詰まった火山灰や水、レドームの大きな損傷や脱落（気象レーダーを覆うレドームの形状が変わると、その近傍に取り付けられているピトー管付近の気流が乱れて正確な圧力を検知できなくなる）、ピトー管あるいは静圧孔付近の着氷、ピトー管あるいは静圧孔に詰まった昆虫、静圧孔のカバーの外し忘れ

- ・ピトー管あるいは静圧孔から各計器あるいは CADC などの飛行情報処理用のコンピューターまでの配管の漏れなどの不具合

- ・飛行情報処理システムの不具合

ピトー管先端の空気入口 Ram air inlet が詰まり、水抜き用のドレインホール Drain hole は開いていると、ピトー管の圧力はドレインホールから抜けてしまい、外気圧（静圧）と等しくなるので、速度計の指示は徐々に 0 になる。ドレインホールも詰まり完全に閉塞すると、ピトー管の圧力は閉じ込められ、機体の高度に変化がなければ速度計の指示に変化はない。しかし、機体が上昇すると、静圧が減少するため速度計の指示は増加し、降下すると、反対に指示は減少する。すなわち、速度計の指示は対気速度の変化によって変化するのではなく、高度の変化によって変化することになる。このような事態が起きた後も上昇を続けると、速度計の指示は増加し続け、構造上の最大速度 V_{NO} や最大運用限界速度 V_{MO} / M_{MO} を超えて速度超過警報装置 Over speed warning が作動する。この時点で、パイロットが間違った指示対気速度を減らすため、機首上げ姿勢にしたり、推力を減らしたりすると、失速警報装置は速度計の指示に関わらず迎え角の大きさによって作動するので、速度超過警報と失速警報が同時に発生することになる。

静圧孔が閉塞すると、高度計はその時点の高度を指示し、機体の高度が変化しても変化しない。昇降計の指示は、徐々に 0 になる。速度計は作動するが、その指示は不正確になる。機体が上昇すると、実際の静圧より閉じ込められた静圧は高いので、速度計は実際の対気速度より小さく指示する。この不正確な指示に惑わされて、速度を維持するために機首を下げると、地表との高度間隔が失われたり、実際の対気速度が大きくなって速度超過警報が発生する可能性がある。機体が降下すると、反対に速度計は実際の対気速度より大きく指示する。このとき、指示速度を減らそうとして、機首上

げにしたり、推力を減らしたりすると、実際の対気速度が失速速度に近づき、失速警報が発生する可能性がある。表7.1は、ピトー静圧系統に不具合がある場合、操縦室において信頼できない情報を与える主な系統と計器である。

表7. 1

信頼できない系統・計器	注
自動操縦装置、自動推力調整装置、フライトディレクター	ピトー静圧系統からの対気速度データを基に作動する機能は使用できない
対気速度計	
気圧高度計	ピトー系統のみが閉塞している場合は使用できる
昇降計	IRSなどの加速度計から供給されるデータで作動するものは使用できる
慣性航法装置などの風情報	
飛行管理コンピューターFMCによる垂直面誘導機能	
速度超過警報装置	
ウィンドシア検知装置	

7・3　飛行計器系統の異常の認知

　飛行計器系統の異常による影響は、離陸滑走中や離陸直後といった飛行の初期段階から現れることが多い。飛行計器系統の異常を発見するための通常の運航操作手順 Normal procedure として、離陸時の対気速度のコール Speed call と相互確認 Cross-check、着陸進入時の速度・降下率などの正常値からの逸脱に対するスタンダードコールアウト Standard callout などがある。

　トリムが取れている定常飛行状態では、主翼の揚力や水平尾翼の揚力、その他種々の要因により生じる機体の縦揺れモーメントが平衡しており、この状態で、ある対気速度、あるいはマッハ数を維持しているときの機体のピッチ姿勢は、飛行高度と機体重量が変化してもほとんど影響を受けない。所望の速度を得るためのピッチ姿勢が、各飛行段階 Flight phase および飛行形態におけるピッチ姿勢に適合していないときは、飛行計器系統の異常が疑われる。従って、パイロットは、各飛行段階および飛行形態に対応するピッチ角、エンジン出力値、対気速度の相互関係について関心を持ってなければならない。例えば、ある大型タービンジェット機のデータでは、巡航時 5°（脚・フラップ上げ）、降下時 0°（脚・フラップ上げ）、進入時 5°〜9°（進入フラップ角による）、着陸形態で対気速度 V_{REF}+10kt 時 2.5°ないし1°（選択された着陸フラップ角による）となっている。また、エンジンの出力値、機体のバフェットとそれに伴う騒音、フラップ下げによる風切り音や振動などによって速度を推測できることがある。

　機種によっては、対気速度計の指示が決められた値以下になったとき、機長席と副操縦士席の間の対気速度計および高度計の指示の違いが決められた値以上になったとき、あるいは対気速度を入

力信号として用いる操縦系統などの機能が不具合になったときに、飛行計器のディスプレイなどに文字で警報が発せられるシステムを装備している。また、速度超過警報装置、失速警報装置、地表や山に異常接近したことや ILS のグライドスロープ Glide slope からの下側への逸脱に対して警報を発する地上接近警報システム Ground proximity warning system は、一部を除いて飛行計器系統の異常に関わらず独立して作動する警報装置であり、これらの警報の発生は、飛行計器系統の異常に影響された操縦の結果を表す可能性がある。

7・4　対応操作

1．基本

　　疑わしいと思われる表示を認識したら、まず機体を安全な状態に保つようコントロールし、不正確な指示をする計器を見つけ出すのは、そのあとにする。

1）通常の状態にない表示を認識する。

スタンバイ計器を含む複数の計器を相互確認し、速度については、慣性航法・基準装置、GPS の対地速度の表示や飛行機に装備されているトランスポンダーTransponder を利用した管制機関の2 次レーダーによる対地速度情報、高度については、電波高度計（対地高度 2,500ft 程度未満で有効）などの表示を比較し、正常に働いている計器と異常な指示をしている計器を認識しなければならない。管制機関の 2 次レーダーに表示されている高度は、高度情報を飛行機の高度指示系統から得ているため、自機の高度計が間違っている場合は、その間違った指示となる。

2）ピッチ角とエンジン出力値が、その時の飛行段階において適切であるかを点検し、不適切であれば、自動操縦装置および自動推力調整装置、フライトディレクターを解除する。対気速度情報を基に作動する自動操縦装置、自動推力調整装置、フライトディレクターは使用できないので、手動操縦に切り替える。

3）飛行状態における妥当なピッチとエンジン出力に調整する

スタンバイ速度計などの正常な指示をしていると思われる飛行計器を使用することになるが、これらの計器の指示も異常なときは、指示が確実に正常に戻るまで、すべての姿勢指示計をクロスチェックし、上昇、巡航などの飛行段階に応じた飛行形態に適合するピッチ角とエンジン出力値に合わせ、機体を左右水平の状態 Wing level に保つ。降下中の不具合であれば、降下を継続しても安全であることを確認できない限り、降下を中止して水平飛行に移るか、安全な高度まで上昇する。安全のために旋回が必要なときは、方向指示器 Heading indicator の現在の方位を確認してから、必要な垂直間隔が得られるまで旋回する。

4）信頼できる情報を集める

飛行状態における妥当なピッチとエンジン出力に合わせた結果、不正確な表示をしている計器系統が判明したら、正常な系統に切り替える。代替静圧系統が装備されている機体では、静圧孔が閉塞したとき、静圧を供給するために代替系統に切り替えると、静圧源として操縦室内の空気が取り入れられ、その圧力が供給されることが多い。通常、操縦室内の気圧は外気圧より低いので多少の誤差を生じ、代替静圧系統に切り替えたとき、正常時より指示対気速度 IAS は多少大きく、気

圧高度は多少高く指示される。また昇降計は瞬間的に上昇を示す。このときに表示される速度や高度に対する補正データが AFM あるいは POH に記載されている。高性能機では、ピトー静圧系統は複数装備されているので、飛行情報処理用コンピューターに供給される圧力情報源となる系統を正常なものに切り替える。また、異常な指示の供給源となっている飛行情報処理用コンピューターが判明したら、正常なものに切り替える。

5）よい飛行環境を維持する

計器気象状態 IMC での不正確な飛行計器による飛行は危険である。でき得る限り、昼間の有視界気象状態 VMC を維持し続け、不可能ならば上昇して VMC を維持する。特に IMC では、機体が異常姿勢状態 Airplane upset に陥りやすく（第 8 章参照）、またこの状態からの回復も困難になる。VMC を維持するために多少飛行時間が長くなってもやむを得ない。

6）他からの援助を求める

大部分の管制機関は、自分が担当している空域の風の情報を持っているので、ここから風の情報を得ることができるし、また付近を飛行中の飛行機があれば、その飛行機からも風の情報を得ることができる。この風の情報と上述の方法で得た対地速度から、飛行高度における真対気速度 TAS を求めることができる。高度 5,000ft 以下では、TAS は指示対気速度 IAS とほぼ等しい。地表からの垂直間隔に疑問がある場合、高い山などの障害物を避けるため、管制機関のレーダーによる針路 Heading の指示などの援助を受けることができる。飛行視程に問題がなければ、他の飛行機による誘導、追尾の援助要請も考慮する。

2．降下

　航空機運用規程 AOM などに記載されている降下時のピッチ姿勢に調整し、降下率を確認しながら、エンジン出力はアイドルで降下する。水平飛行に移る高度の 2,000ft 程度（軽飛行機の場合1,000ft）手前で、降下率を 1,000ft/min（軽飛行機の場合 500ft/min）程度にする。所望の高度になったら、そのときの飛行形態に適合するピッチ角とエンジン出力値に調整する。電波高度は対地 2,500ft 未満ならば使用できる。高度と飛行形態を変更する前に、できるだけ機体を安定させる。

3．進入・着陸

　できる限り、明確な進入角情報が得られる ILS 進入や地上のレーダーにより誘導する Precision Approach Radar：PAR 進入を実施する。これらが利用できない場合は、PAPI：Precision Approach Path Indicator などの進入角指示灯を参考にする。低高度でのピッチ姿勢やエンジン出力の調整を避けるため、進入の早い段階で機体を着陸形態 Landing configuration にする。最終進入降下開始時に AOM などに記載されているピッチ角とエンジン出力値に調整し、降下角（降下率）はエンジン出力でコントロールする。対地速度と管制機関からの風の情報で対気速度を推定する。

　接地点を滑走路内側に延ばさないようにし、安全に停止できることが確認できるまで車輪ブレーキを含む制動装置を使用する。

第 7 章　飛行計器の不具合

7・5　事例

1）ノースウェスト航空　B727（ニューヨーク州シールス付近　1974 年 12 月 1 日）

同機は、夕闇迫るニューヨーク ジョン・F・ケネディ国際空港を離陸して 12 分後に墜落し、機体は全損した。NTSB の報告によると、フライトレベル FL310 へ上昇中、16,000ft を過ぎたころ、乗員は、上昇するにつれて対気速度計の指示および上昇率が増加することに気づき、対気速度計の高い指示に対して機首上げ姿勢を大きくする操作を行った。この時点以降、ピトー管は完全に閉塞した状態となったが、一方、静圧孔は正常のままであったと推定されている。その後、機体は上昇を続けて上昇率は最大で 6,800ft/min に達し、FL230 を通過した時、対気速度計は 405kt を示して速度超過警報が発生し、その直後、失速警報装置のスティックシェイカー Stick shaker も同時に作動し、操縦桿が振動した。パイロットは、これを高速バフェットと誤解し、大きな機首上げ姿勢を維持したため、機体は失速し、大きく傾いてらせん急降下 Spiral dive に入って降下率は最大で 17,000ft/min に達し、操縦不能になった。この誤指示の原因は、離陸前の通常操作手順に反して、ピトー管用ヒーター Pitot heater を作動させていなかったため着氷し、機長および副操縦士の両系統のピトー管先端の空気入口とドレインホールが完全に閉塞したためであった。

2）大型ビジネスジェット機（機種 不明）（場所 不明　1991 年 4 月）

夜間、有視界気象状態のなかフライトレベル FL310 を上昇中に、それまで正常であった副操縦士側の対気速度計の指示が増加し始めた。FL330 を通過したとき、機長側対気速度計の指示には変化がなかったが、副操縦士側対気速度計の指示は最大運用限界速度 V_{MO} を超え、速度超過警報装置が作動した。この時点で自動推力調整装置は解除され、機長側対気速度計はスタンバイ対気速度計と同じく速度の減少を指示し始めた。パイロットは、直前の飛行の整備履歴から機長側対気速度計の不具合と思い込み、速度超過警報を止めるために推力を減らしたところ、機体は振動し始めた。これを高速バフェットと誤解し、機体を機首上げにしたため、FL340 で失速警報が発生し、失速した。そこでただちに失速からの回復操作を行い、機体を正常な姿勢に戻した。その後、適切なピッチ姿勢と推力で降下、ILS 進入を行い、無事に着陸した。この誤指示の原因は、副操縦士側のエアデータコンピューターの故障であった。

3）Birgen エア　B757　（ドミニカ共和国 プエルト・プラタ国際空港　1996 年 2 月 6 日）

同機は、深夜、離陸して 5 分ほどで高度 7,300ft に達した後、大西洋上に墜落した。音声記録装置 CVR：Cockpit Voice Recorder および飛行データ記録装置 FDR のデータによると、離陸滑走中、機長側の対気速度計は不正確な指示をしており、機長もそれに気づいていたにもかかわらず、離陸を継続した。V_1、V_R は、操縦を担当していない副操縦士が読み上げた。離陸後間もなく、対気速度計が動き始めたので、通常の手順にしたがって上昇を続け、自動操縦装置を作動させた。7,000ft 上昇後、機長側対気速度計は 350kt を示し、速度超過警報が発生した。このとき、副操縦士は「200kt、減速中」と言った。自動操縦装置へ入力される速度制御用の速度は機長側から供給されるため、自動操縦装置により機体は機首を上げ続け、速度超過警報が続くなか、速度超過警報から 20 秒ほどで、失速警報が発生した。機長は、速度超過に対応する操作

91

を行い、機体は失速して墜落した。この間、副操縦士側対気速度計は正常であったが、両パイロットとも対気速度を正しく認識できなかったため、推力とピッチ姿勢の操作について混乱をきたした。事故後の解析により、機長側対気速度計の不正確な指示はピトー管の閉塞が原因であり、別の系統に切り替えれば、事故は防止できた可能性があるとされた。

4）ペルー航空 B757（ペルー　リマ沖太平洋上　1996年10月2日）

同機は、深夜、ペルー　リマ国際空港を離陸して約35分後、夜霧のリマ海岸沖の太平洋上に墜落した。音声記録装置 CVR および飛行データ記録装置 FDR のデータによると、離陸滑走中、飛行計器は正常であったが、離陸上昇中に対気速度の指示が過少であり、また高度の指示が増加しないことに気づいた。その後、ウィンドシア検知装置が作動し、高度 4,000ft で操縦系統の機能の不具合を示すメッセージも表示された。このため、13,000ft まで上昇し、緊急事態を宣言してリマに戻ることにした。管制機関から 4,000ft への降下の承認を得て降下中、機長側の対気速度計の指示は 350kt を超えて速度超過警報が発生し、同時に、副操縦士側は失速警報が発生した。夜霧のなか、さらに降下中、電波高度 RA 1,000ft で、地上接近警報システムが作動したため、管制機関に管制用のレーダーに表示されている自機の高度を尋ねたが、事故機の表示高度と同じ 9,700ft という返答だったので、再び降下を開始し、海面に衝突した。このとき、機長側高度計は 9,500ft、対気速度計は 450kt を指示していた。この誤指示の原因は、機長側静圧孔の部分的な閉塞であった。

5）エールフランス A330（ブラジル北東沖大西洋上　2009年5月31日）

同機は、リオデジャネイロ　ガレオン国際空港からパリに向けて離陸して約3時間45分後、夜の大西洋上に墜落した。フランス航空調査安全委員会の報告によると、フライトレベル FL350、速度はマッハ数 0.80、ピッチ角 2.5° で、自動操縦装置および自動推力調整装置を使用して軽い乱気流のなかを巡航しているとき、自動操縦装置と自動推力装置が突然解除された。原因は、3か所のピトー管が氷結により部分的に閉塞し、それぞれの速度表示に不一致が生じたためであり、この時点で、エレベーターとエルロンを制御するコンピューターのプログラムの操縦制御則 Control law が、通常とは異なる、迎え角を定められた最大値以下に保つようにする防護機能がない制御則に移行した。このとき、機体が右にロールしたので、パイロットは機体を左右水平 Wing level にするために左にエルロンを操舵すると同時に機首上げ行ったところ、失速警報が2度発生し、速度は 275kt から 60kt に急減した。機首上げ角が 10° 以上となったところで、機首を下げたため、上昇率は 7,000ft/min から 700ft/min に減少し、機長側の対気速度表示は 275kt まで増加した。再度失速警報が発生し、推力レバーは離陸推力位置に置かれた。高度は約 35,000ft で、機首上げ角は 15° を超え、迎え角は 40° 以上、降下率は 10,000ft/min となり、機体は右に傾き、バンク角は 40° を超えていた。高度 10,000ft 付近で迎え角は 35° を超えており、海面に衝突したときは、降下率 10,912ft/min、対地速度 107kt、ピッチ角は 16.2° 機首上げであった。

第8章　アップセット

　アップセット Airplane upset とは、航空機が飛行しているとき、意図せずに運航や訓練で通常に経験する範囲を超えた機体の姿勢や対気速度となり、不安全な飛行に陥りつつある状態であり、民間航空界では、異常姿勢 Unusual attitude、コントロール不能 Loss of control などの用語で表されてきた。具体的な数値は機種によって異なるが、一般的に次の状態がアップセットとされる。

・ピッチ姿勢 Pitch attitude が 25°を超える機首上げ
・ピッチ姿勢が 10°を超える機首下げ
・45°を超えるバンク角
・上記の範囲内であるが、その飛行状況に対し不適切な対気速度での飛行

8・1　アップセットの原因

　NTSB が公表した機体コントロール不能となった事故 Loss of control accident の解析データによれば、T 類の飛行機では、失速が原因で事故に至った事例が多くなっている。

１．飛行環境

　様々な飛行環境に起因するアップセット事例が多数起きている。例えば、着氷（第3章参照）、晴天乱気流・山岳波（第4章参照）、ウィンドシア・雷雲・ダウンバースト（第4、5章参照）、ウェイクタービュランス（第6章参照）などによるものである。

２．機体のシステム不具合

　1）操縦システム Flight control system

　　フラップの非対称展開 Flap asymmetry やスポイラーSpoiler の不具合などによるものである。

　2）飛行計器（第7章参照）

　　ピトー静圧系やそれから得られる情報を処理するコンピューターを含む飛行情報処理システムの故障や不具合、飛行計器の誤指示によるものである。

　3）自動操縦システム

　　自動操縦システムには、自動操縦装置、自動推力調整装置、飛行管理 Flight management に関連するシステムが含まれる。操縦システムの自動化 Automation が進み、システムが統合化されたため不具合の原因が表面化しない傾向があるので、その原因をつきとめることが容易ではなくなってきている。自動操縦システムを使用しているときに機体の状況に疑問を感じたときは、自動化のレベルを下げ、基本的な機能で作動するモードに変更することを考慮する。また、自動操縦装置や自動推力調整装置を解除することにより、不具合の原因を認知しやすくなる。

　4）その他のシステム

　　エンジン故障による非対称推力状態、失速警報装置や速度超過警報装置の誤作動などである。

３．パイロット

　アップセットを含めたパイロットに起因する様々な問題については、ヒューマンファクター

Human factors の分野で詳しく研究・検討されている。機体の状況に対する注意散漫や無関心により、正常な飛行状態からの僅かな逸脱を極端な逸脱にしてしまうことがある。また、比較的些細な理由で、飛行中は機体のコントロールが第一義 "Control the airplane first" であるという基本が守られなかったため、アップセットに至った例も多い。

　自動操縦システムの使用法を誤り、システムが乗員の意図したものではない動きをすることがあるが、前述のように、システムはこの誤りを表面化させない傾向があるので、乗員は、システムを作動させた後もシステムが自分の意図した操縦を行っているか監視を続ける必要がある。

　パイロットの生理・心理的な問題の一つとしてバーティゴ Vertigo と呼ばれる空間識失調がある。空間識失調とは、空間における自分の位置や姿勢を正しく認識できない状態であり、夜間や計器気象状態においてなりやすく、ある作業に掛かりきりになり、飛行計器への注意がおろそかになっているとき、あるいは体感による姿勢と飛行計器が示す姿勢との食い違いが起き、その食い違いを解消できないときにアップセットに陥っている。信頼できる機体の姿勢情報は、姿勢指示計 ADI によってのみ得られる。第4章6節で述べたように、他の飛行計器の指示や荷重倍数の変化による体感は実際のピッチ姿勢変化と異なることがあり、これに依存すると空間識失調となって、アップセットに陥る可能性を高める。

８・２　アップセットにおける機体コントロールの問題点

　アップセットからの回復操作では、速く、大きく急激な操舵を行いがちなので、パイロット誘導振動 PIO（第4章7節2項参照）を起こしやすい。パイロットの操舵によって、機体が予想もしなかったピッチやロール振動を伴う運動を起こすことがある。

　エルロンを下げ舵にすると、その部分のキャンバーが大きくなり、失速角が減少する。このため、大きな迎え角のとき、ロール（横揺れ）のコントロールなどのためにエルロンを大きな下げ舵に操舵すると、その部分に気流の剥離が生じ、エルロンの効きが減少し、極端な場合、逆に下げ舵側に横揺れすることもある。エルロンを大きく操舵する前に迎え角を減らすことによって、エルロンをロールコントロールのために有効に機能させることができるようになる。一方、アップセットからの回復操作の間、機体が低速状態になると操縦舵面 Control surface の効きは低下するので、最大限までの操舵が必要となることがある。

　アップセットからの回復過程では、荷重が 1g 未満の状態となることがある。このとき、身体が浮き上がり、適切に調整されていなければ、ラダーペダル Rudder pedal に足が届かなくなったり、踏むのが困難になることがある。また、操縦室内の固定されていない物も浮き上がり、機体の姿勢によって様々な場所に落下するので、これに備える必要がある。

　ガスタービンエンジンでは、機首上げが大きくなるとエンジンの吸入空気量が減少すること、機体姿勢の急変によって空気取り入れ口で空気の流入状態に乱れるが生じることなどが原因となり、圧縮機失速やサージを起こすことがある。

第 8 章 アップセット

8・3 状況認識

アップセットからの回復では、その操作が適時に正しく行われることが最も重要である。一つのアップセットからの回復で行われた操縦操作が不適切だったため、別のアップセットに繋がることは避けなければならない。アップセットからの回復では、急激に荷重を減らす操作や動翼の最大限の操舵をしなければならないことがあるが、一方、アップセットの前段階でこのような操作を行うと、アップセットに陥ることもある。また第4章7節2項で述べたように、乱気流を通過するときは自動操縦装置を使用し、スタビライザートリムは原則として使用しないが、その後アップセットに陥った場合は、自動操縦装置を解除し、必要ならスタビライザートリムを使用しなければならず、操作が逆になる。その他、機体が失速している場合、アップセットからの回復操作を始める前に、まず失速から回復することが必要である。このため、回復操作を行う際の状況認識が極めて重要となる。

有視界気象状態ならば、機外の状況を直接見ることができるので、アップセットの状況分析は比較的楽に行えるが、夜間あるいは計器気象状態では難しくなる。加えて、一般に民間機では、操縦席からの視界が限られていることが多く、大きな機首上げ角あるいは機首下げ角になると、空あるいは地面しか見えなくなるため一層困難になる。従って、ADI および飛行計器を使う必要があるが、1節で述べたように、主として ADI を用い、他の飛行計器を参考として見比べるようにする。

状況認識の過程は次の通りである。

①旋回傾斜計 Bank indicator、Roll pointer でバンク角を認識する
②ピッチ姿勢を認識する
③他の飛行計器によって機体の姿勢を確認する
④機体のエネルギー状態、すなわち飛行速度および高度の状態とその変化傾向を評価する。

8・4 アップセットからの回復方法 Upset recovery techniques

アップセットを次のいくつかの典型に分けて、その状況に関する空気力学と回復方法を考えてみる。なお、操縦システムにフライバイワイヤ Fly-by-wire 方式を用いている飛行機では、過大な姿勢変化に対する防護機能が備わっており、アップセットに陥る可能性は低くなっているとはいえアップセットに陥り墜落したと推測される事故が実際にあり、また防護機能が失われることもあるので、この方式の機体でも参考になる。

・失速
・機首上げ Nose high、左右水平（バンク角なし）Wings level
・機首下げ Nose low、左右水平（バンク角なし）Wings level
・過大なバンク角 High bank angle、機首上げ、および機首下げ

（1）失速

すべてのアップセット状態において、その回復操作を開始する前に、まず失速からの回復が必要である。失速警報が始まったときの回復と失速からの回復は同じではない。前者はコントロール可能な状態である。失速はコントロール不能の状態であるが、回復は可能である。迎え角が失速角を超えると、機体は失速する。失速から回復するためには、迎え角を失速角以下に減少させなけれ

ばならない。すなわち、機首下げ操作を行い、失速から回復するまでそれを保たなければならない。アップセットになると、一般に機体の動きはかなり大きくなるため、荷重倍数が増加し、飛行速度の変動も大きくなる。従って、指示対気速度 IAS が飛行規程 AFM などに記載された 1g 状態での失速速度より大きくても失速することがあることに注意しなければならない。機首下げ姿勢状態であっても機体は失速していることがあり、このときは、まず自動操縦装置および自動推力調整装置を解除した後、更に機首下げ操作を行って迎え角を減少させなければならない。この操作は、飛行訓練で行う一般的な回復操作とはかなり異なっているため、パイロットの直観に反することになる。

高高度では、低高度に比べて空気密度が減少するためヒンジモーメント Hinge moment が減少するので、図 8.1 に示すように、同じ量の荷重倍数の変化、すなわち同じ量の姿勢変化のために必要な操舵力は小さくなるが、一方、エレベーターの効きも低下する。また、重心位置を後方にした方が消費燃料を節減できるので、一般に、これに基づいてペイロード Payload の搭載位置が調整されている。その理由は次のとおりである。条件として重量および対気速度は同一とし、機体が定常飛行状態にあるとき、機体の横軸回りのモーメントは、図 8.2 のように水平尾翼に下向きの揚力 L_h が作用し、主翼の揚力 L による機首下げモーメント M'(=L·a) に対して機首上げモーメント M(=L_h·l) を発生することで釣り合っている（図の破線の状態）。重心 Center of gravity：CG が前方に位置していると、CG と風圧中心 Center of pressure：CP との距離 a が大きくなるため M' が大きくなるので、M を大きくしてモーメントを釣り合わせな

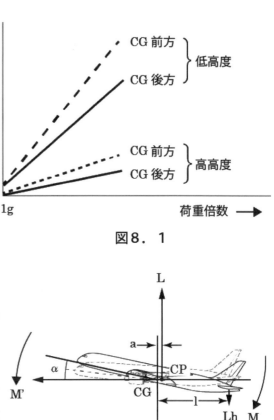

図8.1

図8.2

ければならないが、l の変化は小さいから、L_h を大きくしなければならない。これでモーメントは釣り合うが、垂直方向の力の釣合いは L = W+L_h であるから不均衡となるので、L を増加させて釣合いをとるために迎え角 α を大きくすることになる（図の実線の状態）。その結果、抗力、すなわち必要推力が増加するため消費燃料は増加してしまうので、重心位置をできる限り後方にする。図 8.1 で明らかなように、上述の傾向は重心位置が後方になるほど強くなる。これらの要因により比較的低高度で行う飛行訓練での失速からの回復とは操作中の操縦感覚が異なることに注意する必要がある。失速から回復した後、推力を増加させ、機首上げ操作を行って所望のピッチ姿勢にする。このとき、2 次失速 Secondary stall に入らないように注意しなければならない。

第8章　アップセット

例えばラダーの舵角が原因でアップセットが起こり、大きくロールし、それが更に増加していて、かつ急速に機首下げになっている状態を考えてみよう。この大きなロールを修正するためにエルロン、フライトスポイラーが最大限操舵されていれば、エルロンとラダーの操舵状態はクロスコントロール Cross-control になっている。このとき、機首を上げるためにエレベーターを使用して迎え角を大きくすると、クロスコントロールストール Cross-control stall に入り、機体が背面状態になったり、スピン Spin に陥る可能性があり、状況を一層悪化させることになる。このような場合、いったん迎え角を減らしてエルロン、フライトスポイラーの効きを取り戻せば、機体の姿勢を回復が可能となるが、高度の損失を伴うことに注意しなければならない。

主翼下面にエンジンを吊り下げているタービンエンジン機では、機首上げモーメントを減らして迎え角の増加を抑えるために、エンジンの推力を減少させる必要があるかも知れない。失速から回復した後、アップセットからの回復操作を実施する。

（２）機首上げ、左右水平 Wing level

ピッチ姿勢が意図せずに 25°を超える機首上げで更に上がり続けていて、飛行速度が減少している状況を認識し、確認したときは、高度の低下を伴うが、速度を増加させて機体の飛行経路を水平方向に戻さなければならない。自動操縦装置および自動推力調整装置を解除した後、エレベーターを機首下げ方向に操舵する。このとき、スタビライザートリムが低速度に合わせ機首上げ位置にある場合、対気速度が減少するにつれ、エレベーターの機首下げ能力は減少するので、最大限の機首下げ操作が必要になるかも知れない。また、速度の減少に対して直観的に推力を増加させる可能性があり、これを行うと機首上げモーメントを増加させる結果となってしまう。適切な機首下げの操舵応答を得るために操縦桿を押し続けなければならないときには、スタビライザートリムを操作して操舵力を減らすことを考慮する。ただし、適切なトリム量を判断するのは難しいので、トリムを取り過ぎないように注意する。スタビライザートリムを使用して機体をコントロールしてはならない。機体にかかる G の減少を感じたり、エレベーターの操舵力が必要なだけ減少したら、機首下げ方向のトリムを取るのを止める。主翼下面にエンジンを吊り下げているタービンエンジン機ならば、高度に余裕があるときは、推力を多少減少させることにより機首下げのピッチ変化率の増加が見込める。

通常のピッチコントロール操作でピッチ角の増加を抑えられないときは、急減圧により緊急降下を実施する際の手順と同様に機体をバンクに入れると、主翼に生じる揚力の垂直方向成分が減少するため、ピッチ角を減らすのに役立つ。通常、バンク角は 45°程度とし、60°を超えないようにする。この操作は、機首下げ操作によって生じる負（－）の G を緩和する効果もある。失速警報作動速度程度、あるいはそれ以下速度ではエルロン、フライトスポイラーを最大限使用することになる。普通、これらの操作で十分であるが、エルロン、フライトスポイラーによる操舵が有効でないときは、バンクに入れたい方向のラダーを操舵することで横揺れ運動を起こすことができる。このとき必要となるラダー量はわずかであり、量が過大であると、横および方向の操縦が困難になったり、垂直安定板に大きな荷重がかかって機体構造の破壊に至る可能性がある（第６章７節参照）。機体は低エネルギー状態にあるので、ラダーの使用には十分注意する。

ピッチ角が減少し、対気速度が増加するにつれてエレベーターとエルロンの効きは増してくる。機首が水平線に近づき、所望の速度に戻ったら、バンクを戻し、通常の飛行に移る。

（3）機首下げ、左右水平 Wing level

ピッチ姿勢が意図せずに 10°を超える機首下げで更に下がり続けていて、速度が増加している状況を認識し、確認したときは、自動操縦装置および自動推力調整装置を解除した後、推力を減少させ、必要ならスピードブレーキ Speedbrake を使用する。推力を減少させると機首下げモーメントを増加させることになる。一方、スピードブレーキを展開させると機首上げモーメントが増加するが、抗力が増加し、同じ迎え角ならば揚力が減少する。水平飛行に戻るために、エレベーターを機首上げ方向に操舵する。このとき、運用限界速度 VMO/MMO を超えるような大きな対気速度であると、水平安定板上の衝撃波の発生などによりエレベーターの効きが低下するため、機首上げのピッチ変化は遅くなる。このような場合も含めて、適切な機首上げ変化率を得るためにスタビライザートリムの使用も必要となることがあるが、操作は慎重に行なわなければならない。最後に所望のピッチ姿勢にするとき、失速角を超える機首上げ姿勢にしてしまい、G がかかった状態での失速 Accelerated stall に入ってしまわないように注意しなければならない。

（4）過大なバンク角

過大なバンク角とは、通常の飛行で必要なバンク角を超え、意図せずに 45°を超えている状態をいい、90°を超えることもある。バンク角が 45°を超えていて対気速度が増加している状況を認識し、確認したときは、自動操縦装置および自動推力調整装置を解除した後、機体の姿勢が左右水平となるよう最短方向にエルロン、フライトスポイラーを操舵し、揚力の垂直方向成分を回復させる。機体がバンクに入っているとき、水平飛行を維持するためには機体の荷重倍数を 1 超にしなければならず、バンク角が 67°を超えると、T 類の制限運動荷重倍数 2.5 以内では水平飛行することができない。このため、機体に過大なバンク角が残っている状態で機首下げモーメントを減らすためにエレベーターを操舵しても、失速角に近づくだけで水平飛行には戻らず、荷重倍数の運用限界を超える可能性もある。エルロン、フライトスポイラーを必要に応じて最大限まで使用すればバンク角は減少するが、この操作では所望のロール率で減少しないときは、バンク角と反対側、すなわちエルロン、フライトスポイラーの操舵側のラダーの操舵が必要となることがある。このときのラダー操作の注意点は、上記（2）と同様である。機体の姿勢が左右水平に近づくにつれエレベーターの効きが増し、ピッチ姿勢をコントロールしやすくなる。

（5）機首上げ、過大なバンク角

機首上げで過大なバンク角の状態のときは、スピン Spin などの異常な飛行状態に移行しやすいので、機体を慎重にコントロールしなければならない。ピッチ姿勢が意図せずに 25°を超える機首上げでバンク角が 45°を超えている状況を認識し、確認したときは、自動操縦装置および自動推力調整装置を解除した後、迎え角を減らすために機首下げ方向にエレベーターを操舵し、所望の機首下げのピッチ変化率が得られるようバンク角を 60°以内で調整する。大きなバンク角は過大な機首上げ姿勢を修正するのに役立つ。機首が水平線に近づいたらバンクを戻し、所望の対気速度に戻して通常の飛行に移る。

（6）機首下げ、過大なバンク角

機首下げで過大なバンク角の状態のときは、高度（位置エネルギー）が対気速度（運動エネルギー）に急速に変換される。このため、速度が急増して設計限界を超えてしまったり、最悪の場合、地表に衝突する可能性が生じるので、迅速に対応する必要がある。ピッチ姿勢が意図せずに 10°を超える機首下げでバンク角が 45°を超えている状況を認識し、確認したときは、自動操縦装置および自動推力調整装置を解除した後、エルロン、フライトスポイラーを操舵してバンクを戻し、同時に推力を調整しなければならない。バンク角が 90°を超えている場合、飛行荷重を減らし、地表に向かう揚力を抑えるために操縦桿を押す必要が生じるかもしれない（図 8.3 参照）。これにより、主翼の迎え角が減少するのでエルロン、フライトスポイラーのロールコントロール能力も向上する。機体の姿勢が左右水平となる最短方向、すなわちロール角度が最小となる方向に向けてエルロン、フライトスポイラーを最大限操舵する。必要ならば、バンク角と反対側、すなわちエルロン、フラ

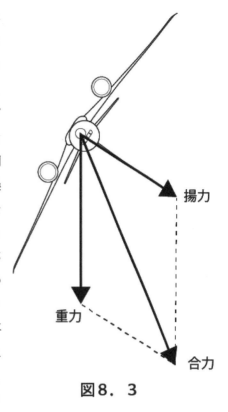

図 8．3

イトスポイラーの操舵側のラダーを操舵する。このときのラダー操作の注意点は、上記（2）と同様である。特に T 類の大型機では、ロールしている方向に合わせて一回転するような操作を行ってはならない。機体の姿勢が左右水平近くに戻るまで荷重倍数を増加させたり、機首下げ方向にエレベーターやスタビライザートリムを操作しないことが重要である。機体の姿勢が左右水平に近づいたら、必要に応じてスピードブレーキを使用し、所望の対気速度に戻して通常の飛行に移る。

8・5　事例

1）中華航空 B747-SP（カリフォルニア州サンフランシスコ沖　太平洋上　1985 年 2 月 19 日）

同機は、台北から米国ロスアンゼルスに向け、サンフランシスコ沖の上空をフライトレベル FL410、速度はマッハ M0.85、自動操縦装置および自動推力調整装置が使用された状態で巡航していた。このとき、晴天乱気流 CAT に遭遇し、マッハ数が M0.88 まで増加したため、自動推力調整装置は推力を減少させ、その後、マッハ数が M0.84 になったところで推力レバーを前進させ始めたが、No.4 エンジンは加速しなかった。No.4 エンジンの回復を試みたが回復しなかったので、エンジンをいったん停止し、再始動を試みた。この間、FL410 を維持していたが、対気速度が減少してきたので自動操縦装置を解除して機首を下げ、速度の低下を防ごうとした。その直後、機体は雲のなかを右に大きくバンクし、急降下して 31,000ft 降下した後、雲から出た高度 10,000ft で回復した。この間雲中のため、パイロットは効果的な回復操作を行うことがで

きず、対気速度は 80kt から V_{MO} を超える速度まで変動し、機体は完全に背面姿勢となり、最大で 67°の機首上げ姿勢となった。また、最大で 5.1G の荷重がかかって機体は損傷し、負傷者も出たため、サンフランシスコ国際空港に緊急着陸した。

2）中国東方航空 MD11（アラスカ州シェミア島南　太平洋上　1993 年 4 月 6 日）

同機は、上海から米国ロスアンジェルスに向け、アラスカ州シェミア島沖の上空をフライトレベル FL330 で有視界気象状態のなかを巡航中、前縁スラットが展開したため激しいピッチ振動が発生し（MD11 のフラップ・スラットハンドルは小さくても力が加わると、後方に移動してスラットは展開してしまうという特徴があった）、死者 2 名、負傷者多数の被害者が出て、近くの米空軍基地に緊急着陸した。飛行データ記録装置によると、前縁スラットが展開したとき、自動操縦装置はエレベーターを機首下げ方向に操舵したが抑えきれず、機体は機首上げ姿勢となって失速警報が発せられたため、機長は操縦桿に押す力を加えた。自動操縦装置が解除されたとき、この力がエレベーターを急激に機首下げ方向に動かし、それに続いたピッチ姿勢を修正しようとするエレベーターの操作により、振幅の大きい激しいピッチ振動を数回引き起こした。MD11 は、高高度で操舵力が軽いという操縦特性を持っているため、このエレベーター操作は過大であった。この振動の間、対気速度 IAS は最小で 293kt、最大で 364kt となり、再度失速警報が発せられ、速度超過警報も発生した。また高度は 5,000ft 降下し、ピッチ姿勢は最大で 24.3°の機首下げ姿勢となり、垂直加速度は 2G 以上と 1G 以下の間を変動した。

3）運航会社不明 A300B4（フィンランド　ヘルシンキ国際空港　1989 年 1 月 9 日）

同機は、着陸のため自動操縦装置を使用してヘルシンキ空港へ進入していたが、対地高度 860ft で誤って着陸復行時に使用するゴーアラウンドレバー Go-around lever を作動させてしまったので、自動操縦装置はゴーアラウンドモード Go-around mode になり、自動推力調整装置はゴーアラウンド推力に向け推力レバーを前進させた。このため、機長は、自動推力調整装置を解除して推力レバーを引くとともに、自動操縦装置による大きな機首上げを避けようとして、自動操縦装置に逆らってエレベーターを機首下げ方向に操舵し続けたため、自動操縦装置は上昇姿勢を維持しようとしてスタビライザートリムを機首上げ方向に大きく増加させた。この後、自動操縦装置は解除され、機長はエレベーターを機首下げ方向に操舵し続け、機体は対地高度 750ft でしばらく水平飛行を維持したが、進入を断念し、再び自動操縦装置をゴーアラウンドモードにしたので、推力は増加し、機首上げ姿勢となって上昇し始め、フラップは 15°に上げられた。その後、機長はエレベーターを最大限まで機首下げ方向に操舵し、スラストレバーは最前方のままで、機体の姿勢は機首上げ 35.5°に達し、対気速度は 94kt に減少した。そこで機長は副操縦士に手動でトリムを機首下げ方向に操作させ、これを続けたため、機体の姿勢は徐々に機首下げとなり、対地高度 1,540ft まで降下した後、正常な飛行に戻った。

4）中華航空 A300-600R（名古屋国際空港（現：小牧空港）　1994 年 4 月 26 日）

同機は、副操縦士の操縦で台北を出発後、名古屋空港で ILS 進入を行っていた。手動操縦で最終進入段階に入り、高度 1,000ft 付近で、自動推力調整装置を解除しようとして誤ってゴーアラウンドレバーを作動させてしまったので、自動操縦装置はゴーアラウンドモードになってしま

った。また、自動推力調整装置は推力をゴーアラウンド時の最大推力まで増加させたので、自動推力調整装置を解除しようとしたが、手間取っている間に、通常の進入降下経路より高くなってしまった。その後、自動操縦装置が作動状態となり（作動状態となった原因は不明）、自動操縦装置はゴーアラウンドモードとなっていたので、機体を機首上げにしようとした。一方、パイロットは進入を継続するため、自動操縦装置に逆らって機首下げ方向にエレベーターを最大舵角まで操舵したので、スタビライザートリムの位置は機首上げの最大限まで増加した。このため、自動操縦装置を解除したが、機首上げ姿勢を抑えられず、迎え角は増加し、スタビライザートリム位置が機首上げ最大のまま、操縦系統のアルファフロア Alpha floor 機能（迎え角が、フラップ角に応じた失速角手前の定められた角度を超えると、自動推力調整装置が自動的に作動して推力を使用可能な最大推力まで増加させる失速防止装置）が作動した。そこで、パイロットは着陸をあきらめ、着陸復行を行おうとしたが、スタビライザートリムが機首上げ最大位置まで変位していたため、機体はコントロール不能な機首上げ姿勢となり、失速し、滑走路端付近に墜落した。

なお、着氷の事例２）および４）、乱気流中の飛行の事例１）、後方乱気流の事例１）２）および３）、飛行計器の不具合のすべての事例もアップセットに陥った事例である。

索引（INDEX）

［数字及びアルファベット］

1gの状態……49

2次失速……96

2次レーダー……89

ADIRU……87

Damp……14

EPR……41

GPS……89

PAR進入……90

PFC……9

RECAT……80

Screen height……20

V_1……16

V_{EF}……16

［あ］

圧縮機失速……45

圧雪……14

アルファフロア……101

安全率……49

アンチスキッド系統……11

［い］

異常姿勢……93

位置誤差……85

［う］

ウィングレット……76

ウィングロー……22

ウィンドシア検知装置……69

ウィンドシア予報装置……69

雨氷……36

運動荷重……49

［え］

エアデータコンピューター
……85

エアデータモジュール……87

英馬力……2

エネルギー変換……29、70

［お］

大きい過冷却水滴……36

オーバーコントロール……59

温暖前線……63

［か］

カウルフラップ……43

荷重倍数……49

ガスタービンエンジン……3、40

ガストフロント……62

加速継続距離……15

加速停止距離……15

滑走路状態コード……8

滑走路状態評価行列表……8

滑走路面……14

滑走路面監視装置……7

可動式水平尾翼……43

かなとこ雲……62

過冷却状態……35

過冷却水滴……35

乾いた雪……20

慣性基準装置……87

慣性航法装置……85

乾燥……14

寒冷前線……63

［き］

気圧高度……2

気圧高度計……57、67、85

逆推力装置……12

キャブヒート……43

気温逆転層……63

［く］

空間識失調……94

空中待機速度……31

グラウンドスポイラー……12

クラブ……22

クラブ角……22

クリーン形態……31

グルーブ……8

クロスウィンドシア……61

クロスコントロールストール
……97

［こ］

降下率……2

較正対気速度……3

高速バフェット……55

後方乱気流間隔……79

ゴーアラウンドレバー……100

固定式水平尾翼……39

転がり摩擦……5

転がり摩擦係数……5

コントロール不能……93

［さ］

サージ……45

最小抗力速度……26

最大運用限界速度……54

最大巡航高度……55

最大突風に対する制限速度
……53

最大ブレーキエネルギー速度
……16

最大揚抗比に対応する速度
……26

最大連続推力……26

最大連続パワー……26

山岳波……49、63

参照着陸進入速度……16、29

103

参照着陸進入速度……29

[し]

指示対気速度……3

姿勢指示計……57、85

実際の着陸距離……17

湿潤……14

失速警報装置……67、87

失速警報防水装置……44

自動推力調整装置……58

自動操縦装置……58

自動ブレーキ装置……12

湿った雪……20

車輪ブレーキ……10

終極荷重……49

修正高度……2

重力単位系……2

樹霜……37

樹氷……36

昇降計……57、67、85

上昇率……2

除氷ブーツ……42

真対気速度……3

進入角指示灯……90

[す]

垂直ウィンドシア……61

垂直突風……52

垂直突風速度……52

水平突風……51

スーパー……79

スタビライザートリム……58

スタンダードコールアウト
　　　　　　　　　……88

滑り摩擦……5

[せ]

静圧……85

静圧孔……85

制限運動荷重倍数……50

制限荷重……49

制限荷重倍数……49

晴天乱気流……49

制動摩擦係数……5

制動力……5

積雪……14

設計急降下速度……50

設計巡航速度……50

設計対気速度……49

設計フラップ下げ速度……50

全圧……85

全エンジン離陸距離……15

遷音速領域……3

全温度……35

旋回傾斜計……95

[そ]

操向摩擦係数……6

操向力……5

速度安定……27

速度超過警報装置……87

粗氷……37

[た]

タービンジェット機……3

対気速度……3

対気速度計……57、85

対気速度の相互確認……88

代替空気系統……43

代替静圧系統……85

対地速度……3

ダイナミックハイドロ
　　　　　プレーニング……9

タイヤスリップ率……6

ダウンバースト……62

竜巻……63

短縮垂直間隔運航……80

[ち]

地上接近警報システム……89

地上測定摩擦係数……6

地上における最小操縦速度
　　　　　　　　　……16

着氷性の雨……36

着陸滑走路長……17

着陸距離……16

[て]

低亜音速機……3

定速プロペラ……27、40

テールウィンドシア……61

テールストライク……11

点火装置……58

電波高度計……67、89

[と]

等価対気速度……3

凍結……14

突風荷重……49

突風軽減係数……52

ドップラーソーダー……68

ドップラーライダー……60

ドップラーレーダー……68

[な]

ナセル防除氷装置……43

[ね]

燃料流量最小速度……31

[の]

ノーマルコマンド領域……26

[は]

バーティゴ……94

ハイドロプレーニング速度……9

パイロット誘導振動……59

バックサイド……26

バフェット限界……55

パラサイトパワー……25

104

索　引（INDEX）

馬力……25

パワー……2、25

[ひ]

飛行計器……85

飛行形態…25

飛行経路安定……29

飛行経路角……28

ビスコスハイドロ
　　　　　　プレーニング……10

ピッチ振動……59

必要推力……25

必要推力曲線……25

必要パワー……25

必要パワー曲線……25

必要パワー最小となる速度
　　　　　　　　　　……26

必要離陸滑走路長……15

ピトー・静圧系統防氷装置……44

ピトー管……85

ピトースタティック管……85

標準海面……3

氷晶……35、40

尾翼失速……39

尾流雲……62

ヒンジモーメント……96

ヒンジモーメントの逆転……38

[ふ]

風防ガラス用防除氷装置……44

フライトレベル……2

フライバイワイヤ……95

フラッター……40

ブリッジング……42

ブレーキ……11

ブレーキングアクション……6

フレームアウト……58

フローティング……21

プロペラ用防除氷装置……43

フロントサイド……26

[へ]

ヘッドウィンドシア……61

ヘビー……79

[ほ]

方向指示器……89

防除氷液……41

[ま]

マイクロバースト……62

摩擦係数……5

摩擦力……5

[み]

水溜……14

ミディアム……79

[む]

迎え角表示計……67

[ゆ]

有害抗力……25

融雪……14

誘導抗力……25、75

誘導パワー……25

[よ]

翼用防除氷装置……42

[ら]

雷雲……49、61

ライト……79

ラダーのエルロン効果……81

乱気流中の飛行速度……54

ランバックアイス……37

[り]

リバースコマンド領域……26

リバースピッチプロペラ……12

リバーテッドラバーハイド
　　　　　　ロプレーニング……9

利用推力……26

利用パワー……26

[れ]

レシプロエンジン……40

レドーム……45、87

[ろ]

ローテーション速度……64

ロールアップセット……38

ロール率……78

105

引用・参考文献

比良二郎：高速飛行の理論　廣川書店（1977）

加藤寛一郎、大屋昭男、柄沢研治：航空機力学入門　東京大学出版会（1982）

鳥養鶴雄、久世神二：飛行機の構造設計　社団法人日本航空技術協会（1992）

社団法人日本航空技術協会：航空工学講座　第5巻　ピストン・エンジン（2008）

社団法人日本航空技術協会：航空工学講座　第6巻　プロペラ（2009）

社団法人日本航空技術協会：改訂第3版　航空力学Ⅱ（2001）

相原康彦、森下悦生：応用空気力学　東京大学出版会（1991）

李家賢一：航空機設計法　コロナ社（2011）

野口昭泰：747の操縦　イカロス出版（2004）

遠藤信二：航空力学と飛行操縦論　鳳文書林出版販売（2015）

橋本梅治、鈴木義男：新しい航空気象　クライム気象図書出版（2009）

遠藤浩：飛行機はなぜ落ちるか　講談社（1994）

日本航空広報部編：航空実用ハンドブック　朝日新聞社（2007）

航空宇宙辞典　増補版　地人書館（1995）

日本航空宇宙学会編：第3版　航空宇宙工学便覧　丸善（2005）

国土交通省航空局：耐空性審査要領　鳳文書林出版（2014）

自然科学研究機構　国立天文台編：理科年表　平成26年（机上版）　丸善（2014）

山本秀生：Icing (1)　航空技術2009年3月号

岩瀬健祐：冬季運航のリスクマネージメントのために　PILOT 2013年1月号

国土技術政策総合研究所　空港研究部：空港技術ノート 2004-10

国土交通省　運輸安全委員会：航空事故報告書

神田淳：気象の航空機運航への問題点　日本航空宇宙学会　第54回飛行機シンポジウム　2016年

又吉直樹：航空機の Wake Turbulence について　第6回航空気象シンポジウム講演（2011）

C. E. Dole and J. E. Lewis：*Flight Theory and Aerodynamics, Second Edition,*　John Wiley & Sons, INC.（2000）

H. H. Hurt, Jr.：*Aerodynamics for Naval Aviators,* Naval Air Systems Command United States Navy（1965）

D. P. Davies：*Handling the Big Jets, Third Edition,* Civil Aviation Authority（2013）

B. W. McCormick：*Aerodynamics, Aeronautics, and Flight mechanics,* John Wiley & Sons（1979）

Federal Aviation Administration：*Pilot's Handbook of Aeronautical Knowledge*（2008）

Federal Aviation Administration：*Airplane Flying Handbook*（2007）

Federal Aviation Administration：*Instrument Flying Handbook*（2008）

Federal Aviation Administration：*Airplane Upset Recovery Training Aid (Revision 2)*

Federal Aviation Administration : *Wake Turbulence Training Aid* (1995)

Federal Aviation Administration : Federal Aviation Regulation

Federal Aviation Administration : Advisory Circular AC 00-54　Pilot Windshear Guide

Federal Aviation Administration : Advisory Circular AC 90-23G Aircraft wake turbulence

Federal Aviation Administration : Advisory Circular AC 91-74B Pilot Guide : Flight in Icing
　　　　　　　　　　　　　　　　　　　　Conditions

Federal Aviation Administration : Advisory Circular AC 150/5200-30D Airport Field
　　　　　　　　　　　　　　　　　Condition Assessment and Winter Operations Safety

Federal Aviation Administration : Airport Condition Reporting and Runway Condition
　　　　　　　　　　　　　　　　　Assessment Matrix : AUG/16

Federal Aviation Administration : FAR Final Rule (1996)

International Civil Aviation Organization : *Manual on Low-level Wind Shear* (Doc 9817)

Flight Safety Foundation : *Jet transport operation in turbulence*

McDonnell Douglas Corporation : Flight crew's news letter

The Boeing Company : Airliner

The Boeing Company : Wind Shear　Boeing 1976 Flight Operations Symposium

National Transport Safety Board : Aircraft Accident Report

National Transport Safety Board : Safety Recommendation　August 4,2010

Australian Transport Safety Bureau : Aviation safety investigation & reports AO-2008-077

著者　遠藤信二（えんどう・しんじ）

略　歴

1948 年　東京都生まれ

1970 年　東京都立大学（現　首都大学東京）理学部数学科卒業

　　　　日本航空㈱入社

1972 年　DC-8　セカンドオフィサー（航空機関士）

1976 年　DC-8　副操縦士

1979 年　B747　副操縦士

1991 年　B747　機長

1993 年　B747-400　機長、専任乗員教官

1997 年　B737-400　機長

2001 年　B747-400　機長（復帰）

2004 年　専任地上教官兼務

2008 年　法政大学理工学部教授

2016 年　法政大学理工学部兼任講師

　　　　NEDO：国立研究開発法人新エネルギー・産業技術総合開発機構　技術委員

飛行時間　10,210 時間（内機長時間　3,438 時間）

禁無断
複　製

初版発行　平成 29 年 10 月 10 日　　　　　　　　　　　　　　　　印刷　シナノ印刷㈱

飛行操縦特論

遠藤　信二著

発行　鳳文書林出版販売

〒105-0004　東京都港区新橋 3 － 7 － 3

Tel　03-3591-0909　Fax　03-3591-0709　E-mail　info@hobun.co.jp

ISBN978-4-89279-437-7 C3550　￥1700E　　　　　　定価　本体価格　1,700 円＋税